天下文化
BELIEVE IN READING

# 信任邊際

## 巴菲特經營波克夏的獲利模式

# Margin of Trust

The Berkshire Business Model

勞倫斯・康寧漢 Lawrence A. Cunningham
史蒂芬妮・庫巴 Stephanie Cuba —— 著　　廖志豪——譯

財經企管 BCB693

# 目錄

# 信任，帶給波克夏獨特的優勢

財報狗

台灣最大的基本面資訊平台與社群

　　大眾應該都很好奇，巴菲特得以如此成功的關鍵是什麼？是因為他過人的選股能力嗎？這當然是一大因素，巴菲特長年優異的報酬率，讓他的資產像滾雪球般的複利。然而如果我們看其他厲害的基金經理人，也有很多選股能力不輸巴菲特的人，為什麼他們卻無法達到巴菲特的高度？關鍵就在於，巴菲特的波克夏有別於一般基金的獨特結構和商業模式，而支撐這個結構的基石，正是這本書的主題：信任。

　　這本書的作者勞倫斯・康寧漢，過去撰寫過多本有關巴菲特的著作。在過程中，他不只閱讀大量巴菲特講過的話，也有很多機會訪談許多波克夏股東，以及旗下公司的經理人。擁有這麼多的第一手資訊，他自然能夠看到更多一般人不太容易注意到的事情。

波克夏是一間非常獨特的公司。它喜歡併購公司，卻不聘請併購顧問，甚至不插手併購後的經營方向或更換經理人；在金融海嘯時，大型金融機構，如高盛和美國銀行，都會向波克夏尋求資金；一般法人很少會將資金集中在單一股票，但波克夏的很多股東們，卻會將持股長期集中在波克夏上。這是被併購公司對巴菲特的信任、大型金融機構對巴菲特的信任，也是波克夏股東們對巴菲特的信任。

這些源源不絕且堅實的信任，給了波克夏獨特的優勢，讓它能夠有長期穩定的資金、多元的現金流，以及特殊的投資機會。是這些信任支撐波克夏，達到今天如此龐大的規模。

這本書不只可以讓巴菲特迷看到許多精彩的故事；讓有興趣創立投資公司的投資人，學習與股東溝通；也能給商場上的大小主管許多企業管理的啟發。

# 缺乏信任，可能錯失投資良機

Google 曾做過一項調查，研究公司內部 180 個團隊，想要找出擁有什麼關鍵要素的團隊會特別成功。經過大量訪談和文獻回顧，他們發現，高生產力的團隊都有一個共通點，就是「心理安全感」。例如「有犯錯的空間」、「尊重不同意見」、「可以自由質疑他人的選擇，但被質疑的人知道，對方的目的不是排擠自己」。這個心理安全感，也正是信任的表現。

信任，不只有助於提升團隊的生產力，也能為公司發展的決策帶來好處。麥肯錫顧問公司做過一項針對全球 1,500 名的企業主管調查，結果發現公司的制度和流程，容易讓主管不敢冒險、過於保守，因而錯失投資良機。為什麼會這樣呢？因為比起錯過這些投資獲利機會，他們更擔心的是萬一做了虧錢的決策，會影響到自己的職涯發展。有些受訪的主管承認，風險趨避雖然對公司不利，但對他們自己的職涯有利。受限於短期的規避風險，而錯失投資良機，這也是因為這些主管缺乏心理安全感和信任，導致他們無法做出對公司最好的決策。

我們常因為缺乏信任，想用條文或合約的限制，讓對方照著原先的共識執行，可惜這往往並不有效。本書以併購班傑明摩爾公司跟亨氏公司為例，提醒我們，就算有明訂的條文，想鑽漏洞的人，總是能找到技術性的方式，取巧繞過去；不如一開始就找真正值得信任的人，在雙方彼此信任的前提下，進行一場正面的合作。

林肯曾說：「當人們受到全然且毫無保留的信任時，他們會回報相同的信任。」許多波克夏的經理人也呼應這句話：「因為想要被信任，就會更致力於贏得這樣的信任。」

從這本書中，我們可以學到波克夏如何將信任文化深入企業經營的各個角度，例如股東的夥伴心態、波克夏的管理模式，以及併購的協議方式等等；我們也可以知道，這樣的信任有什麼好處。最後，更重要的是，你如何獲得這樣的信任，成為一個受人信任的人。

# 各界好評

信任是最重要的要素。

巴菲特和波克夏股東的關係，被稱為緊密且理所當然的互相關係，這種關係在現代執行長和企業間是很少見的。

巴菲特本人也是用這種方式尋找值得信任的經理人和企業，只要找到了，就不用費心管理。

因此、有志做好長期投資的投資人，應該將本書的觀念仔細的閱讀，並且應用在你的投資上！

雷浩斯

價值投資者／財經作家

這是一本重要而必讀的書。

羅伯特·海格斯壯（Robert Hagstrom）

《巴菲特勝券在握之道》作者

非常吸引人。

陶德·海德森（Todd Henderson）

芝加哥大學教授

每個股東都應該閱讀《信任邊際》。

羅伯特·邁爾斯（Robert Miles）

《巴菲特的繼承者們》作者

深入了解使波克夏如此成功的獨特管理哲學。

「理性漫步」（The Rational Walk）價值投資研究網站

永遠獻給我們的兩個女兒

貝卡（Becca）與沙拉（Sarah）

# 信任的好處

信任，是華倫巴菲特創立波克夏商業模式的重要精髓，這個簡單的概念對企業的一生有著深遠的意涵。

我們數十年來研究與撰寫和巴菲特和波克夏相關的書籍。1996年，勞倫斯・康寧漢（Lawrence A. Cunningham）主持這些議題的研討會，並在隨後出版《巴菲特寫給股東的信》（*The Essays of Warren Buffett: Lessons from Corporate America*），這本書馬上就在全球暢銷，並成為引領潮流的經典著作，自此之後，撰寫巴菲特與波克夏故事的書籍就如雨後春筍般出現，尤其是投資書，以及某個程度和管理相關的書。

當大量投資人跟隨巴菲特的經驗擁抱價值投資法時，只有少部分管理者採用波克夏的管理方式，這樣的差異或許可以用時間來解釋：巴菲特優異的投資紀錄可以追溯到60年前，而波克夏證明自己獨特的組織架構能有效實行的時間只有10年或20年。不過，人們對它的興趣則正在上升。

　　對於「最能促進創新的組織架構」感興趣的研究人員，被波克夏的商業模式深深吸引，尤其是波克夏著重的自主管理和分權。[1]探索組織文化在企業生產力和法遵中扮演什麼角色的人，也把注意力轉移到波克夏採用的方法，它的方法更加仰賴相互間的信任，而不是傳統的內控方式。[2]

　　跨領域經營的大企業，包括科技巨頭字母控股公司（Alphabet；也就是之前Google的母公司）、財金資訊公司晨星（Morningstar）以及商業推廣商閃印公司（Cimpress）都採用波克夏商業模式中的某些要素。董事會在評估工作場所，從企業宗旨、槓桿作用，乃至資本配置等政策時，也會學習波克夏的人事與執行方式，甚至連大學策略管理及競爭優勢課程也開始以討論波克夏的模式為號召。[3]

1998年康寧漢出版《巴菲特寫給股東的信》時，《富比士》（Forbes）雜誌用了巴菲特投資哲學中最重要的一個概念來作為當時訪談的標題，就是「安全邊際」。[4] 數十年後，在解釋巴菲特的管理哲學時，最能與之呼應的名詞則是：信任邊際（margin of trust）。

安全邊際引導投資人，只有在價格遠低於價值時才進行投資，這樣的機會很稀少，一旦出現就要確保可以大量買進；同樣的，信任邊際則是引導投資人只跟自己信任的人合作，這是另一個難得碰到的機會，所以一旦遇到這樣的對象，自然十分值得仰賴他們。

巴菲特認為，信任很難獲得，尤其在銀行、證券經紀業和金融業更是如此。波克夏盡可能避免透過中間人牽線，對於想要收購的公司，他們會進行徵信調查，不透過經紀商，並且從公司內部取得資金（主要是藉由保險的浮存金〔float〕），而不是向第三方籌資。當波克夏和巴菲特找到足以信任的人時，不論對象是併購的合夥人，還是業務經理，都非常信任他們。這也是為什麼在併購時，他們給經理人很大的經營空間，並沒有做太多盡職調查，卻還是感覺很放心的原因。

很多人認為波克夏和巴菲特是自成一格的特例，而不是可以模仿的樣板，這種直覺的看法只有部分正確。沒錯，只有傻瓜才會想證明自己是巴菲特的翻版，或是完全模仿他創建那令人眼花撩亂的組織架構。某個程度上，最能解釋巴菲特成功的理由，就是一連串人格特質與幸運成分等環環相扣的特性。[5]

儘管如此，他的很多原則還是能在波克夏外提供一個可行的框架，並有效實行。但關鍵是必須對這些原則有廣泛的了解，特別是信任的概念與意涵，接著則是找到方法來運用它們。

以波克夏的例子來看，它獨特的管理原則就是分權和自主管理，所有的經營權力都由母公司交付給子公司的執行長，而他們也會傾向將權力再次下放，或委任到最接近產品、市場或顧客的同事身上。

研究顯示，信任是強大的動力，而自主管理比層層控制更能增進公司價值，研究人員在管理學的研究中已經證明，以信任為基礎的文化可以成為一項競爭優勢。[6]

　　管理專家強調自主管理的文化如何讓員工將專注力放在工作上，而不是只求符合法律規定，它的效益包含領導更有效率、管理成本降低，以及其他企業效能和競爭優勢。最終則會產生優越的表現和獲利。[7]

　　就跟波克夏和旗下多數的子公司一樣，現在的大型全球企業都必須利用自身的競爭優勢來抵禦外在的威脅（巴菲特稱這是「護城河」）。這些優勢，無論什麼形式（從傳統的品牌實力到現在的平台網絡），都是源自於對市場、商業模式和行銷技巧的掌控。保護這些護城河並維持領導力，都需要迅速的應變能力、豐富的想像力，以及適應力，才能應付具有破壞力的競爭對手和策略。[8]

　　誠然，大型企業目前的架構擁有明確的階級制度，而且高度仰賴內控，能夠抑制在這些方面所面臨的挑戰，但波克夏對於抵禦護城河和促進創新的解答則是認為，一個較寬鬆的組織架構，會比現在盛行的分層控制模式來得好。

波克夏的商業模式確實會帶來挑戰，這些挑戰來自於對不值得信任的人（例如濫用自由裁量權的經理人）過於信任；或是對其他人的信任不足，例如沒有聘請有能力識別陷阱的併購顧問。此外，外部成本也會從不同的地方出現，在其他公司都大量依賴波克夏棄而不用的階級制度、內控及外部專家時，心存懷疑的媒體和大眾就會猛烈抨擊這樣的副作用。隨著波克夏的規模日益擴大，批評者不僅質疑企業規模是否會對取得優於平均的業績表現構成阻礙，同時也會對這個模式的風險監控成本是否上升抱持疑慮。

從另一個方面來看，在擁抱信任的這條道路上，波克夏和巴菲特並非隻身獨行，以信任為基礎的文化，以及分權和自主管理的理念，在保險公司中隨處可見。在這個產業裡，信任似乎已經成為這種商業模式的重要特性，我們可以列舉幾家以類似文化自豪的公司，例如阿勒格尼公司（Alleghany Corporation）、楓信金融控股公司（Fairfax Financial Holdings Ltd.）以及馬克爾公司（Markel Corporation）。

　　在許多和巴菲特有關的公司中，波克夏的做法也成為這些公司的特色。例如長期擔任波克夏董事的湯瑪士・莫菲（Thomas S. Murphy）在數十年前領導的大都會與美國廣播公司（Capital Cities/ABC），以及波克夏在 10 年前併購、由普立茲克家族（Pritzkers）及接班人領導長達 30 年的馬蒙集團（Marmon Group），都是當代的典範。

　　而最重要的事情是，波克夏在組織架構上所帶來的外部利益與日俱增。對於保險公司之外的其他企業，像是星座軟體公司（Constellation Software）、丹納赫公司（Danaher Corporation）和伊利諾工具集團（Illinois Tool Works），這個模式在各個面向上對企業榮景的影響也愈來愈重要。

　　波克夏的理念是從值得信任的人開始，包含經理人、董事與股東，它涵蓋能強化並反映出這種信任的具體企業慣例，包括熱情的交流與慶祝聚會、商業模式、快速做出併購決策、自主管理與分權，以及長期回報。

# 收購公司的標準

有個具體的案例幾乎可以完整說明波克夏商業模式的每個主要原則，包含對人脈中顧問的信任，那就是2015年波克夏對路易斯公司（Detlev Louis Motorradvertriebs GmbH）的收購案，這是德國的摩托車配件和服裝供應商。

自1985年以來，波克夏就說明潛在收購對象的要求標準，包含業務簡單、獲利能力穩定、在不採用槓桿操作下擁有豐厚的報酬，以及擁有值得信任的管理階層。

許多有前景的公司往往是多代經營的家族企業，數十年來，波克夏的收購範圍橫跨不同產業、企業與組織架構。但是，所有收購案都有一套基準原則，而且擁有共同的價值觀，例如正直、自主管理和耐心。

再來是收購對象的規模愈大愈好：一般來說，收購公司的年營收至少要有7500萬美元以上，但是波克夏喜歡規模更大的巨型企業，也就是併購業界中所稱的「大象」。不過在進入歐洲市場時則是個例外，因為路易斯公司的規模大約只有一般最小規模的一半。

　　但是路易斯公司符合其他每個標準，這家公司是1938年由德特列夫・路易斯（Detlev Louis）創立，他是創業家兼摩托車賽車手。這家公司一開始從事摩托車銷售與維修服務。到了1960年代成長為德國最大的摩托車企業，這與當時流行的摩托車文化時間點相符，因為丹尼斯・哈波（Dennis Hopper）和彼得・方達（Peter Fonda）主演的《逍遙騎士》（*Easy Rider*）這類電影的流行所帶來浪漫想像。

　　德特列夫透過郵購目錄擴大客群和銷售範圍，此外，他也提供例如皮帶、靴子、手套、安全帽及護目鏡等周邊商品。1970年代，在新業務夥伴岡瑟・阿爾布雷希特（Günther Albrecht）的幫助下，公司朝擴大實體店面規模與加速郵購業務成長兩個方向同步前進。

　　到了1980年代，德特列夫的妻子烏特・路易斯（Ute Louis）和兒子史蒂芬・路易斯（Stephan Louis）加入經營。這個團隊把公司業務帶向新的境界，他們建立橫跨德國的商店銷售網絡。從1981年的漢威諾開始，他們陸續在柏林（Berlin）、杜賽爾多夫（Dusseldorf）和雷根斯堡（Regensburg）開設分店。1989年時一共擁有並經營18家店。

1986年，他們的配件、服裝的郵購目錄成長到驚人的357頁，其中一些是在烏特的幫助下在公司內部設計的，目的是為了在這樣的規模下協調營運。1991年，路易斯在漢堡（Hamburg）新建一個擁有潔淨明亮的自動化設備和傳輸帶的巨型物流中心。

1996年，為了發揮自身優勢，路易斯公司將摩托車銷售業務分拆出去，並把所有資源集中在配件和服裝的銷售上，此時郵購目錄已經達到600頁。1997年，路易斯開始網路交易，將整個歐洲客群吸引到網站，那裡有持續擴大的產品線，涵蓋3萬種產品，包括剎車片和後視鏡等必要維修零件，以及機油。

路易斯公司的銷售維持穩定成長，到了2000年代初期，只花6年就讓銷售金額翻倍。隨著業務成長，公司也同步增加物流設備，儘管網路業務占整體訂單三分之二以上，但連鎖商店的銷售金額在分店加入下，業績不斷成長（最新數字是在4個國家內有超過80家分店）。
2002年開始，公司成立路易斯學院（Louis Academy）來
培訓員工，累計培訓人數已達上千人。

　　簡單來說，這家公司是以低負債來賺取大量的現金
流，呈現出讓人印象深刻的財務指標數字。即便在2008
年後歐洲經濟衰退下，它的年營收依然穩定達到2.5億美
元的水準，營業利益率穩定在20％，而股東權益報酬率
更超過30％。

　　路易斯公司的銷售持續成長，還成功切入電商，展
現出的品牌實力讓人印象深刻。這樣的品牌實力顯示出
公司有能力進一步滲透市場。藉著在挑選的歐洲城市開
設戰略商店，來供應德國和奧地利市場，並藉著網路打
進美國和日本市場。

　　路易斯公司的成績也反應出它在一定程度上有能力
承受逆境。首先，路易斯的產品技術含量低，業務容易
理解，也減少技術破壞或過時的風險，而且相對於一般
消費品公司，路易斯公司的市場景氣波動也比較小，特
別是因為它放棄摩托車銷售，專注在像是服飾之類的周

邊商品，以及替換零件等必需品上。

路易斯公司成功達成設計與產品製造向前整合（forward integration）的策略，特別是在服飾上，並成功讓所有產品透過實體商店、郵購以及網路銷售。可擴展性（Scalability）則意味著資金成本上升速度較慢，搭配快速成長的營收，進而增加股東權益報酬率；公司善待顧客及員工，創造出彌足珍貴的忠誠度，以員工為核心的導向可以從它創設訓練學院明顯看出來；而以顧客為核心的導向則可以從不斷擴張的產品線來推斷。

它的最後一項競爭優勢是「隱匿式安全」（security of obscurity）。由於路易斯公司是在小型的利基市場中營運，強大的大型競爭對手不太可能被這個市場吸引而加入競爭。它的主要對手是摩托車製造商，例如哈雷機車（Harley Davidson）或山葉機車（Yamaha），但對它們來說，新型摩托車的銷售才是最有吸引力的商機，而不是在特殊配件和零件的業務上積極競爭。而且實際上，路易斯公司的獨立存在使摩托騎士文化強化，也讓它們受惠匪淺。

2012年，德特列夫・路易斯辭世，將蒸蒸日上的公司交給妻子烏特。在考慮出售像路易斯這樣的家族企業時，通常有好幾個選擇，首先是賣給作為策略買家的摩托車製造商，但是在德特列夫過世兩年後，這樣的交易始終沒有談成，這顯示雙方不存在共同的利益。[9]另一個選擇是賣給金融買家，例如私募基金，然而，在他們用一貫作風把路易斯公司當作垂涎三尺的肥羊時，可能就已經讓烏特・路易斯倒盡胃口。

如果私募公司取得路易斯公司會怎麼樣呢？以下是其中一個劇本：

- 削減成本，也許關掉訓練學院、裁撤員工，並降低滯銷產品的庫存。
- 將實體商店的不動產變現獲利，例如出售後租回，在不危及長期成本結構下，將現金收入當作股息分配。
- 透過大量借貸來在整個歐洲開設新的分店，以追求快速擴張，這和路易斯原本的資產負債結構大相逕庭。

- 把總部從德國遷到列支敦士登（Liechtenstein）或
  盧森堡（Luxembourg）之類的免稅天堂。

當然，執行這套劇本意味著，儘管路易斯公司的經
營團隊經驗豐富，也會被撤換，並引入新的高階管理階
層，而且公司會在幾年內出售，換取現金入袋。

波克夏則提出完全相反的提案。[10]烏特的財務顧問
是利普拉．庫普伯格（Zypora Kupferberg），他的父親與
巴菲特是多年熟識的朋友，他聯絡美國的交易對象巴菲
特後，巴菲特就向烏特．路易斯提出波克夏一貫且不變
的承諾：保留公司既有的營運模式、員工、策略與資本
結構，讓公司總部留在原來的地方，並且承諾永久持有
這家公司。

賣給波克夏的公司通常會接受相對較低的現金價
格，以作為對這些承諾的補償；而波克夏也會先聽取賣
方的報價，再決定是否接受。在路易斯公司的案例中，
報價是4億5000萬美元左右，大約是年銷售金額的1.5

倍，帳面價值的4倍，獲利金額的10倍，而且全數以現金支付。這是波克夏為維繫優異的股價所採行的慣例。和類似的上市公司比起來，這是較低的估價，不過基於路易斯公司優異的股東權益報酬率和潛在的銷售成長，波克夏支付的還是合理的價格，而非溢價收購。[11]

　　波克夏比較不在意公司確切的業務範圍，更在意的是公司是否有合乎波克夏哲學的品質標準。在路易斯公司的例子中，與波克夏久負盛名的子公司、銷售摩托車保險的蓋可公司（GEICO）在業務上有些相近。波克夏也在2008年金融危機時大幅投資哈雷機車，最近還在美國收購一家大型的汽車經銷商。

　　不過，潛在的賣家還是必須關注與波克夏業務重疊的問題，因為這可能會引起管制市場競爭的主管機關介入，對路易斯公司來說，波克夏擁有布魯克斯慢跑鞋公司（Brooks Running Shoe Co.）和鮮果布衣（Fruit of the Loom）這樣的服飾公司，可能會引來這樣的疑慮。只是歐洲的主管機關最終並沒有提出任何反壟斷競爭的問題。[12]

為什麼波克夏這家併購巨擘直到最近才橫跨大西洋尋找獨資企業呢？波克夏的併購歷史集中在美國有兩個主要原因，就是能力圈（circle of competence）與被動收購策略。巴菲特只投資了解的東西，這包含企業的型態與經理人，他只是不太知道美國以外的公司。但也有一些前例，例如通用再保險公司（General Reinsurance Corporation, Gen Re），這是一家在德國和英國都有強大影響力的公司；並持有德國的慕尼黑再保險公司（Munich Reinsurance Company）和法國製藥公司賽諾菲（Sanofi S.A.）大量但無法控制公司的股權；以及持有在歐洲有經營業務的以色列伊斯卡公司（ISCAR Metalworking）將近10年的時間。

　　更重要的是，波克夏的收購慣例是等待對方提案，而不是主動追尋目標，這樣的策略必須要有在國外發展的推薦網絡。在路易斯公司的收購交易中，就是因為庫普伯格知道波克夏的聲譽，而巴菲特也信任這位牽線的人。就像巴菲特說的：「你不能強求，因為擁有這家企業的人必須思考出售的理由。」[13]

# 本書架構

對波克夏的收購來說，雙方都必須有理由這麼做，就如同必須相互信任一樣。總而言之，信任是波克夏讓組織得以凝聚的原則，本書結合過去幾年觀察到波克夏成功實踐這項理念的各種記錄，[14] 分成四部：

- 第一部介紹波克夏作為以信任為基礎的組織，有幾項重要的支柱，例如波克夏的員工和角色、夥伴關係的慣例做法，以及商業模式。
- 第二部從三個不同的角度全面檢視波克夏以信任為基礎的做法，包含商業合約、公司的董事會與內控。
- 第三部用比較和對照的方式來闡述波克夏的模式：首先與股東行動主義（shareholder activism）及私募基金對照，接著比較挑選企業的組織架構。
- 第四部討論這個模式所面臨的挑戰與解決方法，包含不當給予信任與撤回信任的風險，還有大眾觀感的問題。

更具體來說，第1章介紹這套模式的參與者，包含高階主管、董事、股東及經理人，以及他們在波克夏扮演的獨特角色。他們在巴菲特建構的管理架構下經營，巴菲特是公司的控制股東，這家公司事實上是在1965年創立，並從1970年起持續擔任公司的董事長及執行長。

波克夏的正式治理模式是以巴菲特精心挑選的董事會成員（包含朋友與家族）為核心。身為管理階層的監督者，他們更自豪的是成為被股東信任的經理人。波克夏的股東支持公司這種非比尋常的做法，他們相信巴菲特和波克夏的經營團隊，從睿智寡言的副董事長查理・蒙格（Charlie Munger），到下個世代優秀且經驗老到的接班人：副董事長葛瑞格・阿貝爾（Greg Abel）及阿吉特・賈因（Ajit Jain）。

第2章討論界定波克夏並讓參與者凝聚起來的合夥人慣例。巴菲特認為波克夏是一群夥伴，並聲明：「雖然形式上我們是一家企業，但心態上我們則是一群夥

伴。」夥伴關係的本質就是信任，波克夏的夥伴心態是
巴菲特開始創立公司時就留下的：他在1965年收購波克
夏時就開始經營夥伴關係，很多波克夏的股東都可以追
溯到那個時期，例如第一曼哈頓（First Manhattan）的大
衛・葛特曼（David S. Gottesman）。

　　儘管波克夏的公司規模龐大，巴菲特仍藉由一些慣
例來維繫合夥制度的精神，像是持續撰寫一封封優質的
給股東的信、舉辦年度聚會，從慈善捐款到分配股利都
讓股東發表意見等等。大多數波克夏股東的回應則是：
他們對這些慣例很感興趣、積極參與，而且了解狀況；
他們集中投資波克夏的股票，並長期持有；而且表現出
像是公司老闆和合夥人一樣，而不像短線交易或分散投
資的指數化投資者。

　　第3章回顧波克夏的商業模式。經歷超過半個世紀
的大量收購和投資，波克夏已經成長成一個年營收超過
5000億美元的大型集團企業，然而波克夏卻很少貸款、
聘請委託銷售企業的經紀商來找尋收購目標，或是向投
資銀行家諮詢。

收購公司後,波克夏會全權委託單位負責人經營業務,不會以母公司的經理人身分加以干預,這說明為什麼波克夏收購的公司必須要有值得信任的管理階層,這個分權的模式沒有美國企業盛行的階級內控規則,取而代之的是灌輸一種以信任為基礎的管理文化。

這些偏好也反應出波克夏對金融中介機構的存疑,更重要的是,這反應出對自主管理有更強的信心。

至於第二部,羅納德·雷根(Ronald Reagan)在與蘇聯談判時曾經說過一句至理名言:「信任,但要查證。」巴菲特不是傻瓜,他也同樣認為必須在信任和保證之間取得平衡。除此之外,在交易合約、董事會及內部事務這三個反覆出現的重要場景中,他仍更傾向採取信任的做法,而不是傳統的方式。

第4章探討信任在交易中扮演的關鍵角色。雖然美國企業普遍喜歡正式的法律合約,但巴菲特偏好雙方握手和簡單的非正式協議。在巴菲特最早期和最近的收購案,以及和員工的協議中,都體現出這項偏好。法律文字和這些交易的精神形成強烈對比。

　　第5章透過巴菲特在公司董事會豐厚的經驗，簡單列出每個董事會應該遵循的原則，首先就是挑選出一位傑出且值得信任的執行長，並讓他或她盡情表現，這一點和其餘的原則同樣重要。另一個真知灼見是，當董事們想像他們可以代表唯一一個不在場的公司老闆時，他們的表現會最好，而且也最值得信任。

　　第6章則會比較以信任為基礎的企業文化與「命令與控制模式」（command-and-control）的文化，強調以信任為基礎的企業文化在規模相對較小的企業中往往更有效率，而分權和業務細分的方式則在較大的企業較有效率。波克夏渴望以巴菲特所謂的「股東導向」（owner orientation）來創造企業文化，股東導向可以提供報酬和其他獎勵。

　　第三部是拿波克夏與競爭對手採取的模式對照，並比較其他採取類似方法的公司。

　　第7章呈現的是對照結果，首先，股東行動主義傾向對抗，而且往往損及信任，不過巴菲特長期培養一種偏好，讓投資人共同合作參與並建立信任。從1980年代

被稱為「白馬護衛」（white squire）的反併購投資，以及
2008年被視為信用命脈（credit lifeline）的投資，經理人
知道他們可以相信巴菲特是投資人，因而作為交換，他
們會提供更好的條件。

第二，私募基金的投資模式在幾個層面上和波克夏
的模式形成強烈對比，它大幅使用槓桿操作，而且十分
仰賴金融中介機構，信任並非考量要點；它在管理上強
勢干預，而且幾乎不給予以信任為基礎的尊重；而且追
求快速獲利出場，顯示它並不相信長期價值，而是想快
速把收購的企業轉手出去。

第8章將波克夏和其他同類型的公司進行比較，特
別是保險業和集團企業，這章列出的每個獨特的公司都
因需求而採用一部分波克夏的模式，儘管這些公司相當
多元，但它們有共同的信念，就是將信任當作組織的經
營原則。

第四部把重點轉向採用以信任為基礎的模式的公司
所面臨的挑戰，第9章坦承這會導致的主要風險：對一
些人太過信任，而且對其他人信任不足。對高階經理人

的信任太過與不及，就是以信任為基礎的組織最大的危險所在，即便是波克夏偶爾也會碰到這樣的情形。

第二個風險則是對外部顧問的信任不足，這一點從少數幾次收購案中，波克夏沒有發現一般傳統調查可以察覺的缺點可以明顯看得出來，最終的結論就是必須無止境的在相信其他人和依靠自己之間尋求平衡。

第10章和第11章分別從兩個面向探討企業規模的問題。第一個面向（第10章）是關注像波克夏這樣大型的多角化企業如何成為公眾的焦點，即便它從內部分成多個相對較小的事業單位，從媒體的角度來看卻仍像個巨型企業。集團企業可以把注意力集中在個別的事業單位上。對於分權的企業如何處理公眾的仔細檢視，這點頗具啟發性。

企業規模的第二個面向（第11章）是更加一般的問題。傳統上，美國民眾對大型企業抱持疑慮，這或許有很好的理由，但也對集團企業帶來挑戰，尤其是比波克夏小很多的企業。然而藉由強調採取自主管理和分權的方式，就可以減輕這樣的疑慮。

第12章則檢視信任在接班問題上所扮演的角色。波克夏採用想像中最複雜的接班計畫，以眾多的要素來對應巴菲特的多重角色。巴菲特已經依照他的職務，如執行長、董事長、投資長與控制股東等角色，個別指定接班人。儘管有如此周密的計畫，要成功接班仍然需要仰賴信任，特別是股東對波克夏商業模式的持續信任。

　　結語則以戲劇性的結尾收場，強調任何辜負巴菲特信任的人都會受到冷酷無情的對待。如果在波克夏的商業模式中信任是胡蘿蔔的話，那麼，冷酷無情就是棍棒。由於以信任為基礎的模式很大的程度取決於自制，因此巴菲特嚴詞告誡經理人，只要有一點令人失望的行為都無法容忍。就像他在一場扣人心弦的演講中所說的名言一樣：「賠掉公司的錢我可以理解，但賠掉公司的聲譽我就會冷酷無情。」[15]

　　最後，我們以2011年波克夏高階經理人大衛・索克爾（David Sokol）的例子來說明冷酷無情的意義。他在證券交易上涉及技術性違規，但和所付出的代價相比顯得微不足道。他在高度關注下結束在波克夏的職務，雖然主管機關選擇放過他，但波克夏還是對他殺雞儆猴。

## 信任邊際

　　在某些方面，波克夏海瑟威相當複雜。我們甚至會開玩笑的把它的企業文化複雜度比擬為土星的星環，但是就和價值投資的博大精深可以被歸結為「安全邊際」這個詞一樣，我們相信也可以將其龐大的管理哲學歸納為「信任邊際」，同時也相信透過下面的討論，這個簡單的概念可以對每個美國企業的經理人和股東有所裨益。

# 第一部

# 支柱

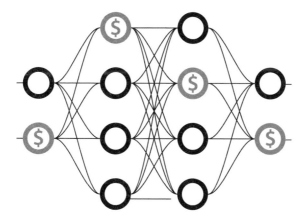

## 第1章
# 波克夏人與角色

　　1956年，26歲的華倫‧巴菲特創立一家投資合夥公司，用來收購小型企業和較大型公司的股權。1965年，這家合夥公司接掌一家陷入困境的上市紡織製造商，名叫波克夏海瑟威公司（Berkshire Hathaway Inc.），隨後巴菲特便將合夥公司解散，並把波克夏的股份分配給各合夥人。

　　於是今天我們熟知的波克夏公司就此誕生。波克夏對各類事業都很感興趣，包含保險、製造、金融及報紙。儘管從合夥公司轉變成企業形式，巴菲特還是在波克夏保留合夥公司的精神，這項遺產數十年來都反應在

《股東手冊》（*Owner's Manual*）中最初列出的15條準則
裡：「儘管形式上我們是企業，精神上我們依舊採用合
夥制度。」波克夏有別於一般上市公司的模式，將股份
所有權與管理控制和相關代理成本分開。[1]相反的，巴菲
特自1965年來一直都是波克夏的控制股東。一開始他擁
有波克夏45％的投票權與經濟利益，直到2000年代初期
開始，他才因為慈善目的每年定期轉讓股票，逐步降低
持有的股權。

波克夏或許不需要許多上市公司設計用來監控代理
人成本的機制，例如獨立董事會的強力監督。雖然控制
股東可能會為少數股東帶來其他成本，但巴菲特同樣會
避免這些成本出現。

自1970年以來，巴菲特持續擔任波克夏唯一的執行
長兼董事長。這麼長的任期堪稱獨一無二，現代大多數
的執行長任期都短得多，這樣的任期讓巴菲特為公司留
下難以磨滅的印記。有些公司和支持者贊成對執行長的
年齡及董事任期加以限制，但波克夏的股東卻十分感激
巴菲特長期在這兩個職位上為他們帶來的收益。

巴菲特對合夥人的態度也是一種深切的信任。波克夏的《股東手冊》提到公司基本的經營原則，詳細說道：「我們不將公司視為企業資產的最終擁有者，相反的，我們把公司視為股東擁有這些資產的一條管道。」這樣的觀點（確切來說是「激進」的觀點）撕裂公司的面紗。[2]

當巴菲特將股東視為波克夏擁有者的同時，公司法則是定義他們只擁有部分股東權益（也就是資產扣掉負債後剩餘的價值）。巴菲特採用合夥制的概念，認為經理人是股東資金的管理者，應該接受比法律更高標準的義務，這是一個崇高的標準，就像班傑明・卡多佐（Benjamin Cardozo）*說道，合夥人彼此互相虧欠：「誠信上的枝微末節都是最敏感的事。」[3]

為了追求這項標準，巴菲特對待波克夏其他股東的方法是思考，如果易地而處，自己會希望受到怎樣的對待。舉例來說，在揭露資訊時，他會忠實解釋事業的經

---

\* 20世紀初美國最高法院大法官。

營決策,也會承認錯誤,並將決定波克夏文化的重大事件加以分類,這些都是以平等的合夥人角色來進行,而非以執行長來進行。[4]巴菲特會直接寫信給波克夏的股東,而不是透過公關專家過濾資訊,並且還會主持年度會議,連續6個小時回答股東的問題。

　　波克夏的政策,以及巴菲特對公司經營狀況所做的解釋,都是為了要吸引認同波克夏商業模式的股東和企業擁有者。而這個模式強調的是:信任。

# 二當家:蒙格

　　巴菲特最好的朋友與商業夥伴就是查理・蒙格(Charles T. Munger),他們的關係可以追溯到1960年代,隨後蒙格在1978年成為波克夏的副董事長。巴菲特說,多年來,蒙格的存在為公司貢獻的龐大價值多達數十億美元。身為巴菲特睿智的夥伴和親密的摯友,蒙格提供一道阻礙:如果他反對某項提案,波克夏通常也會拒絕。

　　他們的關係如此密切,關鍵就在於他們都相信「信任」是商業和企業生命的根本要素。擁有共同的價值觀（例如誠信和信守承諾）就是促進巴菲特與蒙格關係升溫的第一個原因。

第二個原因則是在性格、態度和觀點上，他們都能夠互補。雖然他們的關係中也存在不同的地方，但在最高階的企業團隊中，這種情況比很多人認為的更為普遍，經典的例子包括大都會與美國廣播公司的湯瑪士·莫菲和丹尼爾·伯克（Daniel B. Burke），或是迪士尼公司（Walt Disney Co）的麥克·艾斯納（Michael D. Eisner）和富蘭克林·威爾斯（Franklin B. Wells）。

艾斯納在他的著作《一起工作》（*Working Together*）中描述他和威爾斯一起工作的經驗，他將其稱為「1+1=3」。[5]波克夏和它的子公司長期以來一直讚賞他們兩個人領導的力量。最近，公司已經提拔兩位資深的經理人進入董事會，任命他們為副董事長，為未來做好規劃。

# 副董事長：阿貝爾與賈因

2018年，董事會指派葛瑞格・阿貝爾和阿吉特・賈因兩位資深的公司高階經理人為副董事長，並提拔他們進入董事會，成為波克夏接班計畫的一部分。巴菲特在1986年聘用賈因為保險部門的高階經理人。他初入這個新的領域就大展拳腳，開拓巨災保險（super-catastrophic insurance）的新市場，並密切監督產品創新和保險的紀律，現在則以副董事長的身分管控整個波克夏公司的保險業務。

負責監督非保險業務的則是阿貝爾，他在1999年中美能源公司（MidAmerican Energy）的收購案加入波克夏（現在這家公司稱為波克夏海瑟威能源公司〔Berkshire Hathaway Energy〕）。阿貝爾擅長資本配置、精通併購，並且支持自主管理和分權的原則，即便能源業務成長到年營收250億美元，員工人數達到2萬3000人，阿貝爾仍然只維持精實的20人小型總部。

# 董事會成員

　　巴菲特因為掌有控制權，所以從一開始就能提名和挑選波克夏的董事會成員。此後，波克夏的董事會就和現在一般的上市公司有著截然不同的特性。從最初的數十年開始，董事會成員曾包含巴菲特已故妻子蘇珊（Susan）、他的摯友，以及從1993年開始納入他的兒子霍華·巴菲特（Howard G. Buffett）。在1980年代公司治理革命開始之前，這樣的模式一度普遍盛行，是典型的顧問委員會（advisory board），但現在幾乎已經絕跡。[6]

　　從1990年代開始，公司治理的法規及規範已經轉變，漸漸將董事會的主要角色界定為監督管理階層。這意味著有獨立董事（通常是權力很大的非執行董事長），以及眾多擁有權力（包括治理、董事會提名和執行長的遴選）的委員會，這些都是負責監督的複雜內控系統。

　　理論上，監督型的董事會可以增進代表股東的監督效果，並由法人的委員會和股東顧問服務機構等股東倡議代表（shareholder advocates）來加以強化，這種監督代理人成本的設計方式，明顯是因為缺乏信任所導致。這樣的方式儘管有時候能發揮功效，但也會造成「代理人監督代理人」潛在無效的結果。在波克夏，這稱為官僚主義。不管這種做法在其他地方有什麼好處，在波克夏並沒有這種階層存在，而波克夏的董事會也無法歸類為監督型董事會。[7]

波克夏的董事會堅持符合法律要求，必須設立獨立、專業的委員會。舉例來說，波克夏的審計委員排除執行長巴菲特這並不會被視為「獨立」。不過這個委員會至少會納入一位具有金融知識的成員，並監督法律規定的內部審計工作。此外波克夏也增加多位外部董事，也就是說，這些外部董事並非公司員工，也與公司沒有直接的利害關係。

不過實際上，董事會的所有成員都是巴菲特挑選的，而且與他有個人或專業上的關聯。他們會雀屏中選是因為他們的誠信、機智、股東導向，以及對波克夏的利益，而非基於地位。確實，有一半的董事會成員年紀超過65歲，而且多數都已經在波克夏服務超過10年以上。這些事實確實會使他們偏離部分股東倡議代表所要求的年齡與任期限制。

此外，波克夏的董事擁有波克夏的股份，而且很多人都有大量的持股。他們都是在公開市場以現金買進股票，而不是美國企業常見的以股票分紅計畫得到的股份。波克夏每次會議通常都是付給董事1000美元的象徵性費用，而其他相似規模公司的董事平均一年領取25萬美元的酬勞，即便是最底層的公司也會支付將近6位數的費用。[8]

也許最清楚證明這樣的信任，就是波克夏沒有購買董事責任保險，這在美國企業中前所未見。因為如果沒有達成合理的期望，公司或巴菲特本人就要承擔所有合理的損失，這幾乎是難以想像的事。

波克夏母公司的主要業務是累積與配置資本，通常是進行大規模的收購。在大多數公司中，執行長可能會制定出整體的收購計畫，然後向董事會提出具體提案，接著討論交易條件，並請求核准出資。在這種情況下，董事會的角色是提供其中一項服務，那就是檢核高階經理人的權力。

但波克夏正好相反，如果事先需要董事會的介入，那麼巴菲特就會失去本來可以抓住的商機。[9]波克夏的董事和一般大眾都知道巴菲特的併購哲學，董事會也許可以事先在概念上對大筆交易進行討論，但它不參與估價、收購的架構規畫、融資、甚至批准任何特殊的併購，除了少數例外情況，否則直到併購案公開宣布為止，董事會都不會知道。

不像其他《財星》500大公司每年舉行8到12次的董事會，波克夏董事會每年只有兩次例行會議。波克夏的董事會會議在正式層面上也依循類似的商業形式。幾十年來，幾乎每次例行會議都會定期討論接班計畫。

每次會議之前，董事們都會收到波克夏內部審計部門的報告。董事會的春季會議與波克夏的年度股東會都在5月，董事們會在奧馬哈（Omaha）待上幾天，與波克夏的高階主管，子公司經理人和股東聚在一起；秋季會議則有機會和更多波克夏子公司的執行長碰面。而且無論是在奧馬哈，或是在子公司的企業總部，許多執行長都會進行簡報，並和董事及事業單位的負責人交換意見。

根據波克夏的董事蘇珊・德克爾（Susan Decker）的說法，波克夏董事會的會議進行方式，以及董事會外董事參與的各項活動，都產生一種「強烈的文化教誨」。憤世嫉俗的人可能會認為這樣的環境會助長結構性偏見，而這種偏見會削弱近10年企業監督擁護者提倡的獨立判斷。[10]然而，董事們在波克夏文化中受到的洗禮，卻可以將典型的階級式企業管理加以扁平化，讓董事更能夠站在股東的立場思考。

現在的企業治理架構對信任抱持懷疑，而且堅持要和與執行長無關的局外人大量合作。波克夏的董事會儘管遵守規定，做法卻大不相同。他們除了讓巴菲特已故的妻子成為董事會成員外，現在還包括巴菲特的兒子霍華，他在1993年加入；巴菲特最好的朋友查理・蒙格，在1978年加入；奧馬哈的商人朋友小瓦特・史考特（Walter Scott Jr），在1988年加入；以及蒙格的律師事務所合夥人羅納德・歐森（Ronald L. Olson），在1997年加入。波克夏在收購和其他法律事務上都廣泛仰賴歐森的法律事務所。

2003年及2004年，董事會增加幾位長期的業務夥伴和朋友（詳見表1.1），這些董事會的新成員包含唐納德・基歐（Donald R. Keough）*，他是可口可樂公司（Coca-Cola Company）的資深經理人，巴菲特持有大量可口可樂的股票；以及長期擔任大都會與美國廣播公司執行長的湯瑪士・莫菲，同時也是另一位波克夏的投資者；其他還有老朋友大衛・葛特曼，他是紐約的投資人，從1962年起就是巴菲特的朋友；以及微軟的創辦人比爾・蓋茲（Bill Gates），他與巴菲特的交情從1991年開始。

至於波克夏董事們的持股，排名第一的是葛特曼，他持有高達3％的波克夏股票數十年，在他自己和公司的投資組合占有很大的比重（大約四分之一）；蓋茲緊隨在後，除了個人持股，比爾梅琳達基金會（Bill and

---

* 2003-2014年擔任董事。

## 表1.1　波克夏董事名單

| | 出生年 | 當選年 | 關係 | 角色 |
|---|---|---|---|---|
| 華倫・巴菲特<br>（Warren E. Buffett） | 1930 | 1965 | 創辦人 | 董事長兼執行長 |
| 查理・蒙格<br>（Charles T. Munger） | 1924 | 1978 | 合夥人 | 副董事長 |
| 小瓦特・史考特<br>（Walter Scott Jr.） | 1931 | 1988 | 朋友 | |
| 霍華・巴菲特<br>（Howard G. Buffett） | 1954 | 1993 | 兒子 | |
| 羅納德・歐森<br>（Ronald L. Olson） | 1941 | 1997 | 律師 | |
| 大衛・葛特曼<br>（David S. Gottesman） | 1926 | 2003 | 朋友 | |
| 湯瑪士・莫菲<br>（Thomas S. Murphy） | 1925 | 2003 | 朋友 | |
| 夏綠蒂・蓋曼<br>（Charlotte Guyman） | 1956 | 2003 | | |
| 比爾・蓋茲<br>（Bill Gates） | 1955 | 2004 | 朋友 | |
| 蘇珊・德克爾<br>（Susan L. Decker） | 1962 | 2007 | | |
| 史蒂芬・伯克<br>（Stephen B. Burke） | 1958 | 2009 | | |
| 梅爾・惠莫<br>（Meryl B. Witmer） | 1962 | 2013 | 股東 | |
| 阿吉特・賈因<br>（Ajit Jain） | 1951 | 2018 | 高階經理人 | 副董事長 |
| 葛瑞格・阿貝爾<br>（Gregory E. Abel） | 1962 | 2018 | 高階經理人 | 副董事長 |

Melinda Gates Foundation）也有許多持股，這要感謝巴菲特近期將股份捐贈給慈善機構。其他人同樣傾向由個人持有一定數量的股份，尤其是莫菲和老鷹資本（Eagle Capital）的股東梅爾・惠莫（Meryl Witmer），還有賈因在被任命為副董事長並拔擢至董事會後，透露他以現金購買價值大約2000萬美元的波克夏股票。

## 股東

波克夏的股東也同樣非比尋常。他們支持波克夏合夥制度的理念，相信自己是公司的擁有者，也慶幸波克夏沒有企業面紗，沒有監督式的董事會，沒有企業的官僚或階級制度。巴菲特的股東夥伴更像是私人公司的合夥人，而非上市公司的股東，而將他們凝聚在一起的就是信任。

是什麼讓這些股東如此特別呢？首先，擁有波克夏股票的主要仍是個人，而非法人。1965年，美國企業的個人持股占80％，法人持股只有20％，但今天這個數字在大型上市公司已經完全反轉。[11]相形之下，在波克夏，這個數字還是和1965年時相近。

　　雖然巴菲特持續移轉股份給慈善機構，不再擁有絕對的掌控權，但他的個人持股比重仍然有很大的影響力。除了巴菲特的股份外，個人戶擁有波克夏40％的經濟股權和投票權，因此和其他美國企業相比，在波克夏，法人的重要性遠遠較低。

　　在今天大多數的公司裡，角色不斷變換且隱身的金融巨獸持有大量股權（超過5％），這些股份合計起來超過其他擁有者的股份。但是在波克夏，光是巴菲特就有超過5％的A股，而且只有一個法人（富達〔Fidelity〕）接近他的持股數量。

　　對B股來說，雖然少數幾個大型投資機構持股超過5％，合計超過20％，不過，在B股投票權較低的情況下，合計起來占整體投票權也低於5％。而他們的投資理由也很制式：貝萊德（BlackRock）、道富（State Street）和先鋒（Vanguard）因為發行標準普爾指數基金（S&P index funds），因此必須持有B股。（第2章會討論波克夏發行兩種類型股票的詳細原因與理由。）

　　波克夏更重要的法人股東是持有股份長達數十年的精品投資銀行（boutique firm investment banking），它們的名聲和波克夏的身分息息相關，而且很多是因為家族因素。從1970年代開始，這些股東包含戴維斯基金（Davis Funds）、第一曼哈頓，以及魯恩・卡尼夫（Ruane Cunniff）的紅杉基金（Sequoia Fund），它們都由巴菲特的朋友所主導，而且是波克夏的鐵粉。從1980年代起，享譽盛名的投資人，像是阿克雷資本管理公司（Akre Capital Management）、加納德魯索與加納德投資公司（Gardner Russo & Gardner）與馬克爾公司也都持有大量股份。

　　在美國，大多數的資本是由以稅前績效衡量表現或免稅的法人（例如基金會和退休基金）所掌控。然而典型的波克夏股東，包含所有董事和經理人，都必須繳稅，而且有稅務意識。

　　這樣的差異有助於解釋波克夏非比尋常的配息歷史。當絕大多數上市公司定期配發股東偏愛的股利時，波克夏自1967年以來沒發過一次股利，在2014年，股東還壓倒性投票反對配發股利。

　　為什麼呢？一方面，波克夏總是能夠將賺到的每一分錢拿來再投資，在市場價值的增值上創造出相對應的獲利。但同樣重要的是，股利分配會增加大多數股東的課稅所得，透過波克夏將這些稅後收益進行再投資，之前的數十年讓他們的稅後報酬快速增加，即便今天波克夏的規模已經十分龐大，這樣的效益還是相當顯著。資本連續幾年以很高的利率複合成長，對股東來說，累積的財富比從波克夏領取的股息還多。

　　為了分散風險，一般法人會避免將投資組合集中在一家或少數幾家公司，舉例來說，像是蘋果（Apple）、埃克森美孚（ExxonMobil）或沃爾瑪（Walmart）等大型股的前百大股東裡，公開揭露持股的人只有少數在投資組合中將超過5％的金額配置在同一家公司上。

　　相對之下，很多波克夏的股東會將持股集中在波克夏上。舉例來說，持有波克夏A股的百大股東裡，包含巴菲特和其他幾個知名的個人股東與精品投資銀行在內，有半數將投資組合超過5%的金額配置在波克夏的股票上，還有更多大量持有B股的股東也是集中持股。

確實，很多波克夏的股票都是由最大的股東持有，數百位波克夏股東將投資組合3%以上的資金用來購買波克夏的股票，這是在其他上市公司中看不到的。[12]

相對於現在的法人經常要求經理人分拆子公司，並專注在單一業務上，波克夏的收購模式則是承諾永久擁有這些子公司。波克夏的股東支持多元而永久經營的集團企業，因此分拆子公司是相當罕見的情況。對股東而言，這樣的永久性可以建立信任，而短暫持有只會摧毀信任。

至少從1993年開始，巴菲特就開始建議一般投資人投資指數型基金，而非如同他和波克夏一樣挑選個別股票。[13]不過，至少從1979年開始，他就極力主張波克夏的股東更應該跟他一樣，不要以投資指數的方式來投資美國企業，而是要加碼並堅持持有波克夏的股票。[14]超過半個世紀以來，巴菲特始終有意識的只想吸引有熱忱和智慧去了解波克夏的投資人。

　　這些人是積極參與的投資人。他們深入研究波克夏的年報，並成群結隊的參加股東會，這兩種情況在美國企業中都相當少見。他們是具有分析能力的長期投資者，包含數百位有錢人與數千個富有家庭。其中也有很多是億萬富翁，除了巴菲特和葛特曼外，還有荷馬和諾頓·道奇（Homer and Norton Dodge），他們是早期的投資人；史都華·何瑞西（Stewart Horejsi），他在1980年買進4300股；葛特曼的表弟伯納·薩納特（Bernard Sarnat）；以及同樣也是董事的小瓦特·史考特。[15]

　　許多波克夏子公司的創辦人和高階經理人藉由創立企業而獨立致富，包括其中幾位還名列在《富比士》400大億萬富翁的名單。億萬富翁或準億萬富翁包含：德克斯特鞋業（Dexter Shoe）已故的哈羅德·阿方德（Harold Alfond）、克萊頓房屋（Clayton Homes）的吉姆·克萊頓（Jim Clayton）、威利家具（RC Willey Home Furnishings）的威廉·柴爾德（William Child）、頂級大廚（Pampered Chef）的朵麗絲·克里斯多夫（Doris Christopher）、赫茲伯格鑽石（Helzberg Diamonds）的小班尼特·赫茲伯格（Barnett Helzberg Jr.）、美國商業資訊公司（Business Wire）的羅瑞・洛基（Lorry I. Lokey）、麥克連公司的德雷頓・麥克連（Drayton McLane）、馬蒙集團已故的傑伊和羅伯特・普利茲克（Jay and Robert Pritzker）、利捷航空（NetJets）的理查德・桑圖利（Richard Santulli）、飛安公司（FlightSafety）已故的艾爾・烏爾奇（Al Ueltschi）以及伊斯卡／國際金屬加工集團（ISCAR/IMC）的史帝夫・威特海默（Stef Wertheimer）。

波克夏長期股東，也是作家的安德魯・基爾派翠克（Andrew Kilpatrick）在他不朽的公司歷史著作《永恆的價值：巴菲特傳》（*Of Permanent Value*）中[16]，就對波克夏的股東夥伴進行追蹤，藉由他豐富研究中整理出的小部分樣本，以及我們的了解，我們簡短列出下列波克夏的股東名單，你可以看到有名的投資人、運動員、政治人物、作家、音樂家、企業經理人以及教授。（見表1.2）這是個讓人印象深刻的名單，而且可能沒有其他公司可以與之比擬。

瀏覽波克夏高度集中持股與長期持股股東的清單，

# 表1.2　波克夏的知名股東

| | | |
|---|---|---|
| 西德‧巴斯<br>（Sid Bass） | 參議員歐林‧哈奇<br>（Sen. Orrin Hatch） | 參議員傑伊‧洛克斐勒<br>（Sen. Jay Rockefeller） |
| 比利‧比恩<br>（Billy Beane） | 勒布朗‧詹姆斯<br>（LeBron James） | 艾利克斯‧羅德里奎茲<br>（Alex Rodriguez） |
| 參議員約翰‧貝拉索<br>（Sen. John Barrasso） | 尚恩‧傑弗遜<br>（Shawn Jefferson） | 眾議員保羅‧萊恩<br>（Rep. Paul Ryan） |
| 小富蘭克林‧奧提斯‧布斯<br>（Franklin Otis Booth Jr.） | 參議員鮑伯‧科瑞<br>（Sen. Bob Kerrey） | 保羅‧薩穆爾森<br>（Paul Samuelson） |
| 喬治‧布蘭姆利三世<br>（George W. Brumley III） | 比利‧珍‧金<br>（Billie Jean King） | 理查‧斯庫拉<br>（Richard Scylla） |
| 吉米‧巴菲特<br>（Jimmy Buffett） | 泰德‧柯佩爾<br>（Ted Koppel） | 唐‧舒拉<br>（Don Shula） |
| 眾議員大衛‧坎普<br>（Rep. David Camp） | 安‧蘭德斯<br>（Ann Landers） | 喬治‧索羅斯<br>（George Soros） |
| 葛倫‧克蘿絲<br>（Glenn Close） | 喬治‧盧卡斯<br>（George Lucas） | 坎蒂‧斯佩林<br>（Candy Spelling） |
| 萊斯特‧克朗<br>（Lester Crown） | 阿奇‧麥卡拉斯特<br>（Archie MacAllaster） | 羅傑‧史托巴赫<br>（Roger Staubach） |
| 巴瑞‧迪勒<br>（Barry Diller） | 小福雷斯特‧馬爾斯<br>（Forrest Mars Jr.） | 班‧史坦<br>（Ben Stein） |
| 參議員迪克‧德賓<br>（Sen. Dick Durbin） | 牛頓‧米諾<br>（Newton Minow） | 比爾‧提利<br>（Bill Tilley） |
| 哈維‧艾森<br>（Harvey Eisen） | 安迪‧穆瑟<br>（Andy Musser） | 普雷姆‧沃薩<br>（Prem Watsa） |
| 查爾斯‧艾利斯<br>（Charles D. Ellis） | 參議員鮑伯‧尼爾森<br>（Sen. Bob Nelson） | 拜倫‧韋恩<br>（Byron Wein） |
| 馬文‧漢利許<br>（Marvin Hamlish） | 眾議員湯姆‧奧斯本<br>（Rep. Tom Osborne） | 德克‧齊夫<br>（Dirk Ziff） |

可以發現裡面有美國最傑出的投資人及投資公司,其中包含大量持有波克夏股票10到40年的股東。(見表1.3)

# 經理人

當波克夏找到值得信任的經理人時,就會讓他們獨立作業。在大多數企業中,任務的執行往往是採中心化的方式,有部門和分部門的主管(中階經理人);分層回報;在預算限制下由個人進行系統性的政策;以及複雜的程序系統和實務系統,這樣的架構美其名是有效率的監督,實際上卻會增加額外開銷。

相反的,除了財報和內部審計等特例外,波克夏省略這些企業的分層,將多數階層視為是過度的官僚主義。波克夏將這些事務與其他內部事務交給子公司,因為母公司只有二十幾名員工,因此開銷幾乎可以忽略不計。所有子公司都可以維持自己的計畫,以及預算、營運和聘雇人員的政策,還有像是會計、法遵、人力資源、法律、市場和技術等傳統部門。

　　在這種分權的模式下，每個子公司都由子公司的執行長領導，總公司不會介入。波克夏在幾乎沒有中央監控的情況下，交由子公司的執行長負責，包含廣告預算、產品特性、環境品質、產品組合及定價等，所有日常決策都交給他們。

　　這同樣適用在對聘雇、行銷、存貨及應收帳款管理的決定。波克夏對子公司自主決定的尊重也延伸到高階管理職位的接班上，包含對選擇執行長接班人上給予特殊的尊重。波克夏不會在子公司間移轉業務，也很少調動經理人。[17]同時也沒有訂定相關的退休政策，許多執行長一直工作到70歲，甚至80歲。

　　波克夏對經理人自主管理的唯一條件，就是巴菲特每兩年都會發給各單位執行長一封簡短的信件，內容指示各子公司執行長：一、維護波克夏的聲譽；二、儘早報告壞消息；三、對退休福利變動及大型資本支出（包含得到支持的收購案）進行商議；四、決策以50年為考量；五、將波克夏所有的收購機會回報到總部；六、提出推薦的接班人選。[18]

## 表1.3　波克夏的優質法人股東

| | | |
|---|---|---|
| AKO資本<br>（AKO Capital） | 布里吉斯投資<br>（Bridges Investment） | 老鷹資本<br>（Eagle Capital） |
| 阿克雷資本<br>（Akre Capital） | 博德蘭<br>（Broad Run） | 愛德華鮑爾公司<br>（E. S. Barr） |
| 亞倫控股<br>（Allen Holding Inc.） | 布朗兄弟哈里曼公司<br>（Brown Brothers<br>Harriman） | 艾佛雷特哈利斯公司<br>（Everett Harris & Co.） |
| 亞里斯多德資本<br>（Aristotle Capital） | 布奪斯魯林和羅伊公司<br>（Budros Ruhlin & Roe） | 費爾霍姆資本<br>（Fairholme Capital） |
| 阿靈頓價值資本<br>（Arlington Value Capital） | 勃根地資本<br>（Burgundy Capital） | 忠誠管理<br>（Fiduciary Management） |
| 亞特蘭大資本投資<br>（Atlanta Capital<br>Investment） | 傑濟資本<br>（Check Capital） | 芬德萊帕克合夥公司<br>（Findlay Park） |
| 巴美列傑福公司<br>（Baillie Gifford & Co.） | 克拉克斯頓金融<br>（Clarkston Financial） | 第一曼哈頓<br>（First Manhattan） |
| 鮑德溫投資<br>（Baldwin Investment） | 康舒踏公司<br>（Consulta Ltd.） | 弗羅斯巴赫馮施托希公司<br>（Flossbach von Storch） |
| 巴羅亨利<br>（Barrow Hanley） | 寇特蘭顧問<br>（Cortland Advisors） | 華盛頓堡投資顧問<br>（Fort Washington<br>Investment Advisors） |
| 貝克、麥克和奧立維公司<br>（Beck, Mack & Oliver） | 戴維斯精選顧問<br>（Davis Selected<br>Advisors） | 加德納魯索與加德納投資公司<br>（Gardner Russo &<br>Gardner） |
| 柏爾德投資顧問<br>（Boulder Investment<br>Advisers） | 道格拉斯溫斯普頓<br>（Douglass Winthrop） | 吉維尼資本<br>（Giverny Capital） |

| | | |
|---|---|---|
| 灰林河投資<br>（Greylin Investment） | 勞德資本<br>（Lourd Capital） | 史賓斯索爾森資本<br>（Speece Thorson<br>Capital） |
| 哈特福基金<br>（Hartford Funds） | 萬信投資<br>（Mackenzie Investments） | 雲杉林投資公司<br>（Sprucegrove<br>Investment） |
| 哈德賴投資<br>（Hartline Investment） | 馬爾維斯塔<br>（Mar Vista） | 史登斯金融服務公司<br>（Stearns Financial<br>Services） |
| 亨利・阿姆斯壯合夥公司<br>（Henry H. Armstrong<br>Associates） | 馬克爾公司<br>（Markel Corporation） | 提姆庫安資產管理<br>（Timucuan Asset<br>Management） |
| 光通信公司<br>（Hikari Tsushin） | 瑪耶茲阿梅尼合夥公司<br>（Mraz, Amerine &<br>Associates） | 特威迪布朗公司<br>（Tweedy, Browne） |
| 傑克森國民資產管理<br>（Jackson National Asset<br>Management） | 路博邁集團<br>（Neuberger Berman） | 華勒斯資本<br>（Wallace Capital） |
| 喬利資產管理<br>（Jolley Asset<br>Management） | 打洞卡資本<br>（Punch Card Capital） | 沃特街資本<br>（Water Street Capital） |
| 克林根坦菲爾德公司<br>（Klingenstein Fields） | 羅伯提公司<br>（Robotti & Company） | 韋奇伍德合夥人<br>（Wedgewood Partners） |
| 拉法葉投資<br>（Lafayette Investments） | 魯恩、卡尼夫和高法柏基金<br>（Ruane, Cunniff &<br>Goldfarb） | 維茲投資<br>（Weitz Investments） |
| 李、丹納和巴斯公司<br>（Lee, Danner & Bass） | 史利普札克里安公司<br>（Sleep, Zakaria & Co.） | 鯨岩角合夥公司<br>（WhaleRock Point） |
| 倫敦維吉尼亞公司<br>（London Company of<br>Virginia） | 斯米德資本<br>（Smead Capital） | 冬青顧問<br>（Wintergreen Advisers） |

巴菲特要求波克夏的執行長指定推薦的接班人，這解釋為何波克夏大多數子公司的接班都能無縫接軌。例如，在2011年的緊急情況下，大衛‧索柯爾從中美能源公司辭職，由精明幹練、同時也是大股東的阿貝爾接手，他的團隊將公司不斷壯大，並且更名為波克夏海瑟威能源公司。這個小型的集團企業現在擁有遍布全美的不動產經紀網路，也就是波克夏海瑟威不動產公司（Berkshire Hathaway Realty）。

　　我們在第9章會討論波克夏子公司在接班上所面臨的挑戰，但絕大多數的安排都是相當有效率的。許多波克夏的子公司在多次接班的過程中不斷進化，很多接班人也把公司帶到前人無法企及的高度，這在一些具有波克夏家族血統的公司中可以看出來，包括克萊頓房屋、喬丹家具（Jordan's Furniture）、賈斯汀（Justin Brands）、馬蒙集團、麥克連公司，以及威利家具；近期成功接班的子公司包含美國商業資訊公司、通用再保險公司、路博潤公司（Lubrizol Corporation）、密鐵系統（MiTek Systems），以及星辰家具（Star Furniture）。

　　在接班計畫中，有三家公司的接班人值得一提，那就是時思糖果（See's Candies）、蓋可公司及飛安公司。

　　時思糖果是波克夏在1972年最早收購的公司之一，它讓巴菲特的投資哲學從熱衷找尋低價標的，**轉變為專注在擁有持久特許價值的高品質企業**，它的執行長查克・哈金斯（Chuck Huggins）一直任職到2006年。

　　接著巴菲特不尋常的任命另一位波克夏的高階主管布萊德・金斯勒（Brad Kinstler）接掌哈金斯的位置。自1987年起，金斯勒就在波克夏擔任服飾製造商費希海默兄弟公司（Fechheimer Brothers）執行長在內等多個不同角色。他在時思糖果的表現同樣讓人印象深刻，在將產品推展到全美國時，仍能維持公司精品的品質。

　　在金斯勒2019年退休後，或許接班人該跟他一樣，適合從波克夏的其他公司調派，這個情況讓派特・伊根（Pat Egan）脫穎而出。值得注意的是，伊根曾是波克夏海瑟威能源公司的高階經理人，這家公司長期受阿貝爾監督。

　　蓋可公司同樣在波克夏和巴菲特的歷史中占有特殊

地位。它是巴菲特最早仔細研究的企業之一，在1951年還寫過一篇與它有關的文章。波克夏在1976年買下蓋可公司大量的股權，並在1995年買下剩餘的股份。波克夏的傳奇人物奧沙・奈斯利（Olza M. Nicely）長期擔任公司執行長，一直到2018年才退休。他在1961年18歲時加入蓋可公司，並在1992年當上執行長，能夠50年都待在同一家公司的人並不多，但波克夏有幾位高階經理人有這項紀錄，而奈斯利就是其中之一。

奈斯利領導蓋可公司轉型，在他的監督下，蓋可公司從汽車保險業中市占率只有2％且成長疲弱的小型參與者，轉變成一個市占率接近15％的產業要角。這樣的成長讓保費金額、流通量和獲利至少增加2倍。

然而即便有這樣的成功，奈斯利卻從不誇耀，也不追求鎂光燈。為了配合他的行事作風，奈斯利的退休也低調進行，既沒有媒體宣傳，也沒有新聞報導。巴菲特在2018年的信中向奈斯利致敬，並讚揚他的接班人、長期的同僚比爾・羅伯茲（Bill Roberts）的才能。

飛安公司的接班則是個比較令人傷心的案例，它是

2018年在布魯斯・惠特曼（Bruce Whitman）高齡85歲過世時進行的。[19]就像奈斯利一樣，惠特曼從1961年開始就在這家公司擔任第二號員工，並在2003年成為董事長兼執行長。

1996年，波克夏併購飛安公司，這對巴菲特和這兩家公司都是轉折點。1996年，波克夏開始轉型，從大型上市公司的少數股權投資者，轉變成大型集團企業，並在不同產業中大量收購企業。

具體來說，從收購飛安公司至今，波克夏總共進行45次併購，總共花費大約1650億美元，並讓股東權益增加至超過2750億美元。從1996年起算，波克夏的每股帳面價值從2萬美元上升至20萬美元；A股價格從3萬5000美元上漲至30萬美元；市值則從600億美元飆升至5000億美元。

巴菲特將波克夏的成功歸功於各經理人，在每年著名的給股東的信中，巴菲特稱讚子公司負責人，並名符其實的稱他們為美國企業的「全明星」。巴菲特曾經幾次點名稱讚惠特曼、奈斯利、金斯特，以及其他數十位經理人，讚揚他們的成就。巴菲特強調，波克夏的執行長都在各自的領域中成為頂尖，就像他在2015年寫給股東的信中所述：

> 波克夏有各式各樣的執行長，有的擁有MBA學位，有些則沒有讀完大學，有些嚴控預算並按規矩做事，有些則隨興所至，我們的公司就像一支擁有各種打擊技巧的全明星所組成的隊伍，幾乎沒有必要改變我們的陣容。

讓領導力有效移轉至波克夏的子公司，這是集團企業分權模式的重要關鍵，波克夏總部沒有足夠資源介入子公司經營，因此接班計畫也就成為各經理人的責任。

惠特曼的位置由兩位同事接手，分別接下共同執行長及公司飛行員信用部門主任的工作，他們是負責商務航空的大衛．戴文波特（David Davenport），他在1996年加入飛安公司，自2012年起在總公司與惠特曼緊密合作；以及負責軍用航空的小雷蒙德．約翰（Raymond E.

Johns Jr.），他2013年從美國空軍的將軍身分退役後加入
公司，並同樣與惠特曼在總部緊密合作。

　　直到惠特曼過世，飛安公司在波克夏的持有下，只
改變過一次經營團隊，就是2003年創辦人艾爾‧烏爾
奇把公司交棒給惠特曼。惠特曼經過數十年的長期服務
走向接班，也讓這樣的接班計畫幾乎萬無一失。烏爾奇
在1999年的回憶錄《飛安國際公司的歷史與未來》（*The History and Future of Flight Safety International*）中說道：

> 公司有一群人數不多卻非常有效率的經理階層，他
> 們大多是熱情洋溢的年輕人，並長期在公司服務，
> 執行副董事長惠特曼無疑是其中最好的一位。從他
> 到任的那天起就一直是我的得力助手，對我們所有
> 人來說都是十分美好的一天。

　　巴菲特在2007年給股東的信中正式宣布惠特曼的接
班全面生效。

　　其他幾位波克夏的執行長也撰寫自傳，這些努力反

71

應出這些作者的特點就像巴菲特所認為的一樣豐富。波克夏的執行長作家,包括吉姆・克萊頓和朵麗絲・克里斯多夫,都把他們的成功歸功於不同的能力,包括想像力、同理心和熱情。

　　儘管這些經理人很不相同,他們卻都強調信任的重要性:被巴菲特和波克夏信任,並要求團隊保持信任。就像惠特曼說道:「在使用波克夏的金錢上,巴菲特是如此信任我,因此比起處理自己的金錢,我處理波克夏的資金會更加謹慎。」[20]

第2章
# 合夥模式

　　巴菲特對合夥人的態度是真誠以待，而非矯揉做作，這樣的態度從各種公司的政策、每年給股東的信件與波克夏的股東會議都能明顯看得出來。在研究每年給股東的信件和股東會之間如何互補之前，我們先來思考它的一些政策，例如慈善捐款、股利分配，以及高階主管薪酬等。

## 政策

　　多數美國企業是由董事會與高階經理人來制定公司

的慈善捐款政策，決定要捐贈多少錢，以及捐給哪個慈善機構。但在波克夏，這種做法令人厭惡，因此董事會將自己的角色抽離，讓股東自行選擇捐贈的慈善機構。

根據股東擬定的捐款計畫，波克夏的董事會會批准淨利中用來捐贈的最大比例，接著讓每位股東就持有的股份指定偏好的慈善機構。二十多年來，絕大多數的股東都會參與，總共捐出超過2億美元。[1]

接著來看波克夏的股利政策。除了在1967年有過一次小幅配息外，之後就未曾再發過一次股息。巴菲特曾經多次解釋波克夏的配息政策：只要能夠為股東多產生一塊錢的市場價值，波克夏就會長期保留每一塊錢的收益。相對之下，許多公司沒有考慮將保留盈餘投資到相對可行的投資機會，也未曾詢問股東或說明理由，就定期配發股利。

波克夏在股利政策上至少進行過兩次股東投票，一次是在1984年，另一次則是在2014年，以委託投票的方式，兩次都得到同樣的答案，股東們壓倒性的支持公司的政策，有超過90％的比例同意，而且幾乎沒有任何執行長對股東拉票，儘管他們可以聘請顧問或專家來這麼做。這也再次體現出波克夏視股東為合夥人的態度。

大多數上市公司都有固定的股票分割政策。當股價上升到某個水準（例如100美元或500美元），董事會就會將每股股票一分為二，讓在外流通的股票數量倍增，並將價格砍半。他們這麼做是為了促進股票交易流通，並在過程中支付中間商（包含股票經紀人和證交所）相關費用。波克夏則避免這種股票分割政策，並降低中間商所扮演的角色與費用。

即使波克夏的股價漲到令人眼花的價位，他們依然反對股票分割。到了1996年股價漲到3萬美元以後，雖然大多數無意出售股票的股東仍然滿意這樣的政策，但部分需要現金或贈禮的股東開始希望降低股價。在這個時候，隨著波克夏出色的表現被廣為周知，非股東也愈來愈希望以可負擔的價格來買進公司股票。

受到需求啟發下，有兩位財務推廣者設計一個投資工具來滿足這樣的需求。他們打算以每單位約500美元的價格發行權益分散的受益憑證，並將這些財務信託的資金用來購買昂貴的波克夏股票。為了降低對這些信託的吸引力，以及避免發行商收取相關費用，波克夏發行僅有部分投票權和經濟分配權利的第二類股票（B股），並將交易價格設定在每股1000美元左右。

　　而事實上，這項措施卻在其他方面發揮功效。舉例來說，在2010年，新的B股價格超過3000美元，而本來的股票（A股）價格則超過10萬美元。那一年，波克夏收購美國伯靈頓北方聖塔菲鐵路運輸公司（Burlington Northern and Santa Fe Railway，後來改名為BNSF鐵路公司〔BNSF Railway〕），部分是以股票支付。為了使鐵路公司的員工能夠接受波克夏的股票，董事會將B股進行1:50的分割，使價格降低至每股60美元（目前B股的最新價格大約在每股200美元，而A股的價格則攀升到30萬美元以上）。這種劃分成兩種股票的結構設計，也可以讓股東免費將A股轉換為B股，創造流動性。[2]

　　巴菲特對波克夏高階主管的給薪方式感到特別自豪，他認為這是完全基於理性的做法，而且不會涉及到外部顧問。他只要和每位高階主管就底薪及紅利（基於在權責範圍內是否達成令人滿意的結果）達成共識即可，而且績效評估期間通常橫跨數年，而不是看單一年度，這樣就可以更忠實反應特殊的企業變化，並創造更長期的投資回報。（我們會在第6章再次探討薪資的議題）

## 給股東的信

在絕大部分的公司裡，寫給股東的年度信件大多都是找人代筆，內容晦澀，而且會巧妙忽略重點。巴菲特則是親筆撰寫，並交由無酬但熱心的作家朋友卡爾‧魯米斯（Carol Loomis）加以編輯；我們也很榮幸參與並編輯其中一本經典著作《巴菲特寫給股東的信》。波克夏的股東經常迫不及待的閱讀這些信件，而父母們也時常把這些信件當作禮物送給孩子。

巴菲特每年寫給波克夏股東的信件，特點不在於清晰易讀或蘊含智慧（雖然這些都是它們的特點），而是它們本質上不只是信件，正如巴菲特提到，每一封信件都是一系列的故事，也是對各個主題闡述觀點的文章。

巴菲特每篇文章都有特殊動機，首先是要吸引那些支持波克夏商業模式的股東，並讓其他人折服。半個世紀以來，巴菲特希望追求的是：吸引以價值而非價格來思考的股東；超越會計報表的經濟本質；以及持有人類創造的企業，而非把企業當成交易商品。

巴菲特的寫作風格就像父執輩在說話一樣，可以想像他正在寫信給親戚，他已經贏得這些親戚的信任，並繼續尋求他們的支持。由於巴菲特經常採取有別於其他人的差異性做法，因此常被誤導性的貼上「反向投資人」的標籤。不過巴菲特會引述傳統智慧，並用幾個原因來說明為什麼推論不正確或不完整。

但即使有明確的批評，巴菲特的特殊地位也從未動搖，而且從語法到文章編排，所使用的修辭風格都匠心獨具。開場就很吸引人，結尾更讓人感到餘音繞樑。中間則穿插邏輯推理，有時會直接切入要點，有時則側重複雜細節的描繪，因而產生複合式的效益。

巴菲特的文章包含豐富的歷史，讓現在的議題可以在廣泛的背景下討論，而且充滿統計學，使論點都有數據來佐證。巴菲特也喜歡進行對照和對比、提到一些笑話與俏皮話，而且常常根據不同主題來讚美別人，而不是加以批評。

最重要的是，這些作為展現出巴菲特是個快樂、自信、理性且精明的資本家。耶魯大學教授威廉‧金賽爾（William Zinsser）曾經說過：「動機是寫作的靈魂。」巴菲特熱愛波克夏，他擘劃的人生事業，是由非比尋常的股東、精明幹練的經理人，以及具有個人特質的原則所定義。蒙格曾經評論說：「巴菲特將所有的雄心壯志都傾注在波克夏裡。」這是巴菲特說神祕卻也並非那麼神祕的祕訣。

## 股東會

除了少數的例外，一般來說，企業的年度股東會通常耗時，而且少有股東參與；而波克夏的年度股東會則是一場知識、文化與社交的饗宴。巴菲特藉著隨後的股東會，為每年給股東的信件增添歷久不衰的價值，這場股東會可以說是一場深受歡迎的奇特景觀，每次都吸引上千人參加。

典型的波克夏股東在股東會開始前就已經詳讀巴菲特的信件，並且在早餐會時進行討論。多數人在會議現場也會根據信件的內容提問，其他股東會對此讚賞並給予掌聲；而對於忽略信件內容提出的問題則會得到噓聲。

在信件和會議中出現相同的主題，對於信件與會議都會增添價值，這同時也是定義波克夏的獨特模式，以及教育股東公司價值的長遠計畫。

波克夏年度股東會的周末，在奧馬哈各地會發生許多事情，例如數千位股東參加在內布拉斯加大學（University of Nebraska）的會議、克雷頓大學（Creighton University）的小組討論，以及在哥倫比亞大學（Columbia University）舉辦的晚會。

波克夏的股東往往是狂熱的讀者。過去20年來，巴菲特在每次的年度股東會中都會指定數十本橫跨120個不同主題的書籍進行販售，對波克夏的股東來說，針對不同特殊興趣提供分類指引很有幫助。而330本以上的指定書籍中，前30名的書名都包含「巴菲特」三個字。

波克夏的股東是公司文化的一部分。他們關心公司，但很有耐心；抱持懷疑的態度，但十分忠誠；既認真，卻又不失風趣。波克夏的子公司家族經常被比喻成藝術收藏品，而館長當然就是巴菲特。因此，將波克夏的股東會參與者描繪成參訪者、贊助人，以及熱愛展覽的人，或是新手或老手的嚮導、講師，這樣的說法都不誇張。

為了蒐集2018年出版《巴菲特的股東：波克夏年度股東會的內部故事》（*The Warren Buffett Shareholder: Stories from Inside the Berkshire Hathaway Annual Meeting*）[3] 的相關資料，我們訪問數十位股東，請他們解釋波克夏股東會的重要性。許多人直接將股東會連結到巴菲特的信件，並寫下股東會帶來啟發的相關故事，而這些故事的特色都是夥伴關係與信任。

羅伯特・鄧哈姆（Robert Denham）是《巴菲特的股東》提到的一個股東，同時也是波克夏的長期客戶與

巴菲特的知交好友。在巴菲特的要求下，鄧哈姆在1992
年到1997年擔任所羅門兄弟（Salomon Brothers）的執行
長，希望能在債券交易醜聞危及公司存亡時挽救公司命
運，接著在蒙格、托爾與歐爾森律師事務所（Munger,
Tolles & Olson）擔任蒙格的企業法律顧問。他解釋巴菲
特的信件與波克夏股東會中如何展現出合夥態度：

> 波克夏的年度報告為參加會議的人提供很大的指
> 引，這份報告經過細心撰寫，向未涉足業務，但有
> 動機了解的股東解釋波克夏的營運及業務所處的經
> 濟環境。讀過年度報告的人會準備問題，了解答
> 案，並且把問題和答案都應用到更廣泛的業務範疇
> 中。換言之，他們已經準備好參與會議和那個週末
> 的多個會談。

鄧哈姆闡述巴菲特機智的主持風格，這種風格反應
的是**如何**思考，而不是思考**什麼**，這表達出尊重和信任。

巴菲特從不對聽眾施加限制，或是給他們答案，這種沉默反映出一種信念，就是每個投資者都必須為這些基礎項目所形成的觀點加以負責。雖然討論的重點是波克夏的業務，以及或多或少和市場及經濟有關的問題，但也會討論到如何在道德上活得更有價值。這些討論反映一種堅定的信念，就是不只過著經濟富足的人生，也要過著正直而有價值的人生。

鄧哈姆的前律師合夥人，同時也是所羅門兄弟的同事賽門·洛恩（Simon Lorne）同樣也在這本書中強調合夥的態度：

某個程度上來說，股東會是巴菲特著名寫給股東的信下的自然產物，就如同這些信件是逐年發展出來的慣例，股東會也是如此。但實際上，就像股東會的傳統是經由這些信件演化而來一樣，這些信件也是來自巴菲特天性的自然產物。巴菲特把股東當作真正的企業擁有者一樣對待，這些信件就是從這樣的角度出發。對很多人來說，股東會就是最明顯的表達。

洛恩將信任定義為，在波克夏商業模式所有潛在價值中最為重要的戰略利益：「（波克夏的管理階層）與股東間的良好關係，是經由給股東的信與股東會等設計所建立的，而過程中所產生的信任，讓他們有偶爾犯錯的空間，這也是其他公司可以借鏡之處。」

信任畢竟與人的信念有關。喬治城大學（Georgetown University）教授普雷姆・賈因（Prem Jain）數十年來研究波克夏成功的祕訣，在《巴菲特的股東》中，他抓到這個重點：

在年度股東會中，巴菲特和蒙格持續對波克夏的經理人和員工詳細的解說，年復一年，他們經常熱情且頻繁的談到公司經理人，而且從不忽視他們的判斷，即便他們在很多事情上（從收購案的前景到國家的經濟事務）經常抱持反對意見。

多年後，我忽然意識到，我所尋求更深層的答案其實就在我眼前，就在巴菲特和蒙格談到阿吉特・賈因、勞・辛普森（Lou Simpson），以及其他數十位有能力、值得信任且充滿熱情的經理人的時候，這就是巴菲特成功的答案：他有慧眼識英雄的能力。

我得出的結論是，巴菲特投資時，其實是投資在優秀的經理人身上，而不是將公司和管理階層分開思考。他將資本配置在人身上，而非只配置在公司上。產品、營運和財務指標確實很重要，但和人比起來，其實都是次要的。

如果人是根本，那麼信任就是最重要的事。

# 第3章
# 商業模式

　　波克夏的商業模式顯示的是信任。界定波克夏商業模式最重要的例行業務，例如以內部資金融資、內部資本配置、分權與收購等，也都是藉由信任來提供動能。

　　信任的價值可以說明波克夏偏好使用內部資金來支持經營與成長，而不是透過第三方借款人。他們更相信自己，而不是銀行。

　　信任也是波克夏分權與自主管理的成功要件，同時也是這個模式得以成功的主要原因。贏得信任，而且更重要的是必須培養信任，這可以解釋波克夏在併購領域的許多偏好，也可以說明巴菲特為何在找尋併購對象時，喜歡透過個人的人脈網絡，而不是透過經紀商，以及罕見的盡量不做盡職調查。

## 浮存金與遞延所得稅

　　波克夏的財務操作和收購主要是透過公司的保留盈餘，以及藉由保險浮存金及遞延所得稅所帶來的槓桿效果。它通常不借助銀行和其他中介機構，只有少數幾次向銀行申請長期而固定利率的貸款，但大多是用在資本密集且受監督的公共事業及鐵路業務。雖然使用傳統的債務工具或許可以提升波克夏的業績，但缺點是借入資金的成本很高，而且可能帶來違約及連帶損害的風險。

　　波克夏偏好的槓桿來源是自身保險業務的浮存金，浮存金指的是保險公司從收取保費到支付索賠這段期間所持有的資金。只要承保的保單收支平衡（總保費收入等於相關費用加上總索賠金額），那麼使用浮存金的成本就是零。而在承保的保單有盈餘的情況下，保險公司也可以有效率的藉由浮存金獲利，即便有時會有輕微的虧損，但浮存金的成本通常還是比銀行債務便宜。

遞延稅負也是一個便宜且無風險的槓桿來源。因為稅法要求讓資產增值產生應計稅負，但出售前尚不需支付時，就會產生遞延稅負，儘管它是實質的債務，卻沒有任何利息成本，也沒有契約條款或到期日，還款時間可以自由選擇。

當保險業務長期維持良好營運時，浮存金的數量就會大幅成長。波克夏的浮存金從1970年只有3900萬美元，到了1990年上升到16億美元，而且之後數十年一直飆升，2000年時是280億美元；2010年時為660億美元；到了2020年，預估金額已經達到1250億美元。而波克夏的遞延稅負則大概在500億美元左右，因此這些非傳統的槓桿來源合計達到1750億美元，占總負債最大份額。

確實，這些都是實際的負債，如果承保的保單付款能力不足，也有可能造成災難。例如，相對於最終支付的保險金，保險公司可能會有保費訂價過低的風險，無論這是否肇因於競爭壓力或模型精算錯誤，這種糟糕的

保單可能會拖跨保險公司，使它們破產。[1]波克夏的保
險子公司則對這樣的災難進行避險，他們採取的薪資計
畫鼓勵承保紀律，讓紅利與保單獲利及浮存金的成本連
結，而非只與保費金額連結。

相對於浮存金（或遞延稅負），銀行債務通常訂有
契約，載明起息日與到期日，而且無論金額、期間、成
本或契約形式為何，貸款都是由與借款人有利益衝突的
經紀人銷售承作。相形之下，波克夏採用的方法可以帶
來槓桿效益，卻沒有這些缺點。波克夏的模式強調依賴
內部資金融資與自身紀律的價值。最終，波克夏更相信
自己，而不是放款人。

## 內部資本配置

在波克夏的集團企業結構下，內部資金能夠重新分
配給可以藉由新增資本創造出最高收益的企業。波克夏
在資本重分配的成功，證明這套集團企業模式的成效，
否則在美國企業界必然遭受毀譽。除此之外，它也巧妙

的避開第三方的經紀商。

　　將現金移轉至波克夏不會為子公司帶來任何所得稅上的後果，而獲得資金的子公司也不會有諸如銀行利息、債務契約，以及其他有限制條件借款的摩擦成本。此外，有些子公司在業務上會產生自己無法使用的租稅抵減，而這些抵減卻可以讓波克夏的其他子公司使用。

　　子公司的經理人都很珍惜這些輕鬆取得的資金來源。而在波克夏以外的公司，需要資金的執行長則需要面對層層審核，這反映的情況往往是懷疑，而不是信任。這些流程從董事會授權，以及財務顧問對最適資金來源和融資方式的建議開始，接著則是透過承銷商發行股票或藉由銀行取得融資。

　　每個步驟都會產生費用，以及對融資條件的討價還價，因此也會限制公司在營運和財務管理上的彈性。波克夏子公司的經理人會避免這些事情：當需要資金時，他們會告訴巴菲特。你可以想像，他就像最友善的銀行。他不會干涉經營，也沒有合約、條件、契約、到期日或其他中介機構施加的限制。

# 分權

分權是將自主管理和責任向下推展到整個企業組織，遍及整個波克夏。這個模式是從巴菲特和波克夏總部開始，由上而下推行。

巴菲特讓波克夏的組織架構維持簡單，甚至可以說沒有組織架構圖。如果真有個架構圖，應該會像我們在這裡繪製的圖3.1一樣。

巴菲特很自豪的是，奧馬哈的企業總部只有數十名員工，但整個集團企業卻有將近40萬名員工。

所有在波克夏層級的資本配置（包含收購）幾乎都是由巴菲特做決定。而在重大支出上，他長期向蒙格（近期也向阿貝爾和賈因）諮詢。二十一世紀初期，波克夏則聘請陶德・康姆斯（Todd Combs）及泰德・韋斯勒（Ted Weschler）這兩位投資人來管理部分的證券投資組合。

波克夏對子公司的正式監理著重在財務項目，由奧馬哈的5位主管負責，分別是財務長（the chief financial officer）、會計長（controller）、審計長（director of internal

圖3.1　波克夏組織架構假想圖

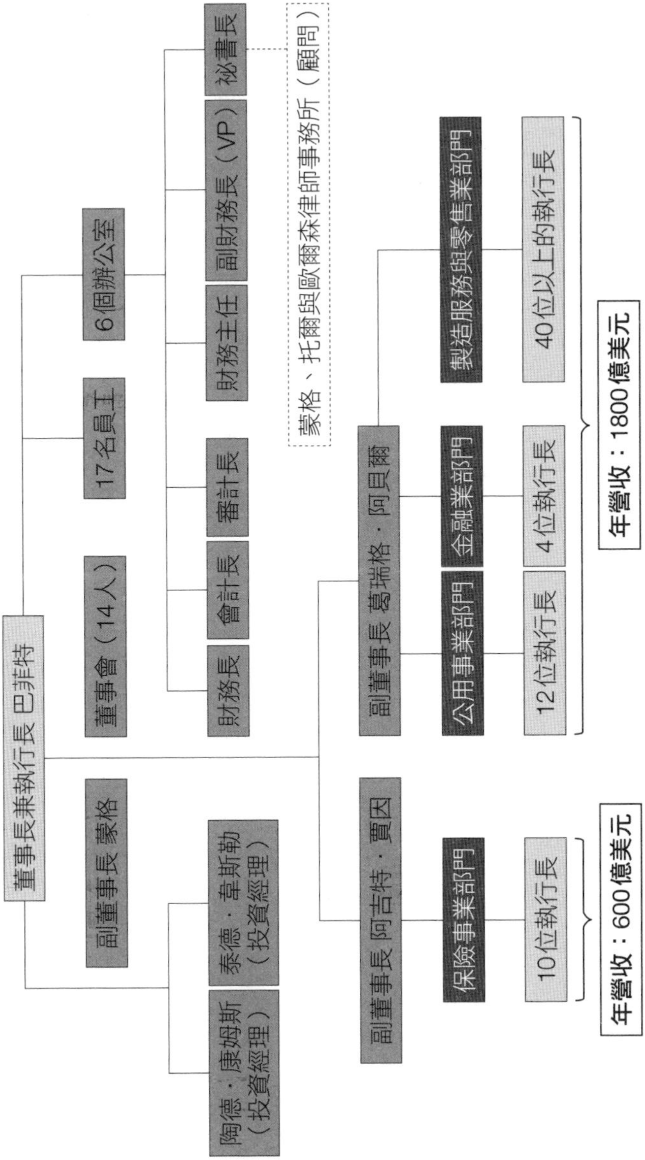

董事長兼執行長　巴菲特

董事會（14人）　　17名員工　　6個辦公室

財務長　　會計長　　審計長　　財務主任　　副財務長（VP）　　祕書長

蒙格、托爾與歐爾森律師事務所（顧問）

副董事長　蒙格
陶德·康姆斯（投資經理）　　泰德·韋斯勒（投資經理）

副董事長　阿吉特·賈因
保險事業部門
10位執行長
年營收：600億美元

副董事長　葛瑞格·阿貝爾
公用事業部門　　金融業部門　　製造服務與零售業部門
12位執行長　　4位執行長　　40位以上的執行長
年營收：1800億美元

audit)、財務主任（treasurer）及副財務長（vice president of finance）。其他唯一的主管是公司的祕書長，有時就像總顧問一樣，但主要任務是監督外部負責波克夏併購及證券業務的外部律師。

波克夏所有子公司都是獨立的，它們具備所有傳統的企業職能，並且自己界定各自的部門。在這個模式下，波克夏企業總部的管理費用每年大約只有100萬美元，薪資費用在1000萬美元以下，[2]相形之下，波克夏的年營收達到近2500億美元。

為了獲得更多支持，每個子公司也有一個小型董事會，通常有5名成員，巴菲特會在較大型或較容易有風險的子公司擔任董事。每個執行長都會在董事會列席，其他董事則由波克夏的董事會指派（例如奧馬哈的團隊或其他波克夏子公司執行長擔任）。而在併購之後，各子公司也會保有原有的職能與組織架構。

由於波克夏在過去20年已經發展成一個龐大的集團企業，巴菲特的注意力也不得不隨之分散。波克夏不僅讓收購的企業維持自主管理，也透過**持續分權**（sustained decentralization），進一步將職權下放到子公司的層級，再藉由**分拆業務分權**（segmented decentralization）將收購公司的業務進一步分拆，並且**分權報告**（reporting decentralization），使高階經理人愈來愈多。

**持續分權**的做法可以由阿貝爾管理的波克夏海瑟威能源公司來加以說明。1998年，阿貝爾開始負責這個集團的主要企業（也就是中美能源公司）的經營，自此他主導15件併購案，並建立起集團企業。現在公司每年營收達到250億美元，有5個公用事業、兩條油管、眾多的再生能源，以及數百個不動產經紀業務，這些都是在波克夏海瑟威能源公司之下來運作。

隨著企業的成長，往往會出現權力集中的情況，許多職能都布署在總部，並出現相關的營運費用。近幾年，阿貝爾和波克夏海瑟威能源公司積極分權，將職能下放，公司總部只雇用幾十個人，而全公司的員工則有2萬3000人。由於特定地區的業務有不同的定價環境、法規監管及勞動市場，因此其權力分配的邏輯是依據地理區域及產品線來劃分，讓每個部門都得以在特定項目及

信任邊際

人事的自主管理上受益。

　　總部配有一位總顧問及一些遊說者來協調全球的監理議題（第10章會有進一步的討論）。人力資源主管在勞動市場具有豐富的專業知識，並幫助各單位進行協調。除了內部審計外，其他所有職能也都下放。

　　**藉由分拆業務來分權**常常發生在波克夏完成收購後。舉例來說，2006年波克夏販售內衣的子公司鮮果布衣收購運動服裝製造商羅素體育（Russell Athletic）後，羅素體育仍然擁有一些特定的事業，例如布魯克斯慢跑鞋公司（Brooks Running Shoe Co）。

　　交易完成後，巴菲特問布魯克斯的前總裁吉姆·韋伯（Jim Weber），布魯克斯與羅素體育和鮮果布衣的業務近似，還是差異很大。韋伯說，雖然這三家公司都是在海外生產，而且銷往世界各地，不過布魯克斯和羅素體育及鮮果布衣並沒有什麼共通點。因此他們將布魯克斯從鮮果布衣分拆出來，成為直屬波克夏的子公司，並交由韋伯經營，自負盈虧。

　　這個做法的邏輯是著眼在商業模式的差異，以及巴菲特明顯很信任韋伯。鮮果布衣和羅素體育提供商品給不追求運動表現的一般消費者，產品是在價格競爭的環境中透過一般零售業者進行銷售（因此不太需要研發）。相較之下，布魯克斯則是經由高端商店銷售增強型的運動器材給狂熱的跑者，並且收取較高的溢價。因為它與對手是在品質上競爭，而不是在價格上競爭，因此相形之下研發費用就相當可觀。

　　另一個案例是2000年波克夏收購賈斯汀工業（Justin Industries），這是由一些靴子公司和幾家磚塊公司（稱為艾克美磚塊公司〔Acme Brick〕）集權管理所組成的一個小型集團。創辦人約翰‧賈斯汀（John Justin）承認這些公司的產品並沒有任何關連性，並戲稱至少所有產品都是出自天然原料。巴菲特則再次指定兩位傑出的經理人負責營運這兩種不同類型的企業。

　　靴子可以在任何地方生產，一般來說都是在海外生產再運往世界各地，它們經由零售賣場銷售給個人，在強力廣告驅動的品牌行銷下（通常都是統一的西方外觀），賈斯汀的靴子具有一定程度的定價權。靴子會自

然磨損，所以忠誠的顧客會再次上門。在組織中，這些
特性都是它在設計、製造及行銷上採取相對集權模式的
原因。

　　另一方面，磚塊的生產受到重量及地理環境的限
制，產銷都比較在地化。買家主要包含競爭市場中重視
關係的商業團體，艾克美磚塊公司提供100年的保固，
在這樣的特性下，採取區域性的組織架構，在產銷上獨
立，而在品質上則採集中控管的方式，對艾克美磚塊公
司而言更有效率。

　　因此巴菲特決定將製靴業務與磚塊業務分開，各自
成為波克夏的子公司，從經營到行政部門各自有執行長
負責，藉此管理整個損益。這樣的分權管理，使得艾克
美磚塊公司和賈斯汀工業遠比在同一個企業下有更好的
發展。

　　**分權報告**是在不增加官僚階層的前提下，減少向高
階經理人的直接報告，這主要是藉由將業務邏輯相同的
部門集合成一組來達成。最好的例子就是波克夏的馬蒙
集團，這是一家多元化的製造業巨頭，在波克夏2005年

收購馬蒙集團之前，執行長法蘭克‧普塔克（Frank Ptak）一個人要檢視10個部門的直接報告，他認為這樣的數量太多，因此將10個部門拆分成4家公司，並將報告數量縮減成4份（如圖3.2所示）。

　　分權報告不僅是讓公司成長，同時也是處理接班挑戰的理想模式。波克夏的保險事業每年有60億美元的營業收入（保費收入）就是很好的例證。數十年來，只有3個主要事業單位的報告從被收購開始就直接交到巴菲特手中，它們分別是奈斯利的蓋可公司、賈恩的國家賠償公司（National Indemnity Company, NICO）及富蘭克林‧蒙羅斯（Franklin "Tad" Montross）的通用再保險公司。

　　當蒙羅斯在2016年退休後，巴菲特不僅找到接班人，還讓賈恩負責監督國家賠償公司及通用再保險公司。從此，馬蒙集團的接班人就直接向賈恩報告，而非向巴菲特報告，這不僅是在波克夏的保險業務中擴大賈恩的職權範圍，同時也減少對巴菲特直接報告的數量。

　　但這項變革不包含蓋可公司，因此奈斯利在10年的任期中還是持續向巴菲特報告，這是明智的做法。2018

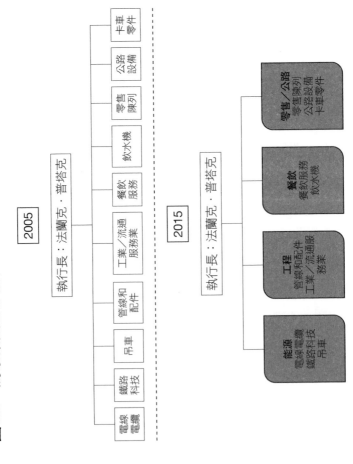

圖3.2 馬蒙集團的分權管理

對執行長直接報告的數量由2005年的10份（最高）降低到15年的4份（最低）

2005

執行長：法蘭克·普塔克

電線電纜 | 鐵路科技 | 吊車 | 管線和配件 | 工業／流通服務業 | 餐飲服務 | 飲水機 | 零售陳列 | 公路設備 | 卡車零件

2015

執行長：法蘭克·普塔克

能源
電線電纜
鐵路科技
吊車

工程
管線和配件
工業·流通服務業

餐飲
餐飲服務
飲水機

零售／公路
零售陳列
公路設備
卡車零件

年，賈恩成為保險業的副董事長，而奈斯利退休時，讓接班人比爾‧羅伯茲直接向賈恩報告，而非向巴菲特報告，也變成是一件容易的事情。這種分權的方式，也成為波克夏用在跨部門間考慮接班人的一種模式。為了讓這樣的模式有效，所有參與者都必須擁有高度信任。

## 做錯決策的風險

所有的組織架構都需要權衡取捨，分權讓最接近問題的經理人能夠有效進行決策，但反過來說，這也會帶來做錯決定的風險。巴菲特也證實這一點，他說：「我們寧可承受幾個錯誤決策所帶來的有形成本，也不希望因為承擔令人窒息的官僚主義，導致決策太慢所加諸的無形成本，一點也不想。」

通常提到集權管理的優勢就是避免資源重複浪費，但波克夏卻似乎反其道而行，它有六十幾個法律部門，而不是只有一個，而其他公司卻可能有一個大型的總部諮詢辦公室，雇用人數卻遠遠超過波克夏子公司加總起來的人數。

之所以如此有效率，是因為經理人都有經濟或文化上的誘因，讓員工人數達到最少，這也是波克夏分權管理模式的優勢：每位執行長都可以設計最適合自己具體業務的組織架構。

## 併購策略

大多數公司都會採用正式管道的計畫，列出想要擴展的領域，有時甚至會列舉出收購目標，包括集團企業。許多公司都有負責找尋目標與掌握機會的併購部門，這些內部功能具有一些和一般中介機構相同的特性，包括對專業的寶貴見解，但是它們也有可能會有不良的動機，在應該更謹慎的時候採取行動。

波克夏從未設置或規劃這樣的部門。相反的，在年度信件中描述某些交易時，巴菲特會稱波克夏的併購策略是「巧合」和「偶然」，而不是「精心策畫」或「精密計算」。這樣的方法有助於避開很多破壞價值的併購，這也是波克夏能夠持續成功的一個重要因素。

　　在併購市場中，公司一般會雇用投資銀行或經紀商來撮合交易，但波克夏通常不這麼做。因為交易經紀商會收取費用，而且經常所費不貲。很多費用是在交易達成下才支付，這會給經紀商有誘因促成交易，而不是以客戶的最大利益為考量。

　　在這樣的情況下，收購的成本會大幅高於現金支付的收購費用。無論這些費用有多大，這些成本可以用投資費用與獲得價值的差異來衡量。在這樣的情況下，公司最好的策略或許是雇用兩個經紀商，一個是有達成交易才付酬勞，另一個則是交易無法達成時才付酬勞。

　　因此長期以來，波克夏都是經由員工、合夥人、同事與朋友所不斷發展出的人脈網絡帶來併購機會，而不是依靠經紀商。此外，1986年波克夏在《華爾街日報》（Wall Street Journal）刊登一則廣告，說明他對併購對象的興趣與標準，這在巴菲特給股東的信中曾經重複提到，因此波克夏的收購很少由自己發起，反而大多是聽取其他人的提案。

勞倫斯・康寧漢在《少了巴菲特，波克夏行不行？》（*Berkshire Beyond Buffett*）整理波克夏公開揭露的交易來源，[3]有11名賣家主動與波克夏接洽；有9件是因為既有業務的關聯而與巴菲特聯繫；7件是經由親朋好友的介紹；只有4件是由波克夏直接聯絡賣方；有3件則是經由陌生人與熟人安排。[4]

　　以波克夏1986年收購史考特費策公司（Scott Fetzer）為例，當時的「大型投資銀行團」都沒能為這家中型的多角化集團成功找到買家。而在敵意收購的雷達瞄準這家公司後，巴菲特聯繫公司的執行長討論收購交易，最後很快就成交。

　　巴菲特不以為然的地方是，公司即便沒有找到買家，仍需要支付銀行2500萬美元的費用。就如同波克夏的經驗所顯示的，巴菲特相信，買方和賣方直接找到彼此，而不是透過銀行家或經紀商牽線，才是對雙方都比較有利的方式。就如同巴菲特很喜歡的警世格言：千萬不要問理髮師你是否需要剪頭髮。

　　在典型的收購案中，在協商交易條件的過程中，會計師會仔細檢查公司的管理和財務狀況，律師則會調查合約內容、法遵情況與相關訴訟，這些檢視通常是在企業總部進行，並且伴隨著建立併購準則與導覽的各項會議。這些繁雜的過程通常要耗費好幾個月的時間，而且會帶來大量的費用。而波克夏則很自豪不用被這些事情束縛。

巴菲特只要花幾分鐘的時間就能掌握人數，交易有時候透過最初的幾通電話就能達成；多數時候則是在兩個小時以內的會議中敲定；即使碰到不可避免的情況，也會在一個禮拜以內完成，正式合約是透過即時協商，交易（包含金額高達數十億美元的大型交易）則可以在初次接觸後一個月內完成。

班傑明摩爾公司（Benjamin Moore）是家族企業，股票也在櫃檯市場交易。當公司決定出售後，公司找來財務顧問負責研議與鑑價，但訂出的價格卻遲遲找不到買家。後來公司董事聯絡巴菲特，將班傑明摩爾公司介紹給波克夏。

巴菲特只問了幾個問題並要來公開文件，一周內就提案，以10億美元的現金收購班傑明摩爾公司。班傑明摩爾公司的董事會也接受這個價格（他們知道跟巴菲特討價還價並不會有效果）。後來巴菲特與公司執行長會面，波克夏的外部律師也進行盡職調查（我們會在下一章繼續討論班傑明摩爾公司的收購案）。

巴菲特致力將自己留在「能力圈」，期望能透過適度的調查挖掘，做出如此重大的決定。一方面，他出色的商業閱讀能力提供重要的知識，讓他熟悉許多公司與公司領導者。再者，聚焦在自己理解的產業和擁抱的商業模式，也有助於增強紀律。無論在業務、商業模式或相關人員的評估上，當他缺乏判斷能力時，他就會選擇放掉這個機會。

特別是在信任方面，如果巴菲特對潛在的業務夥伴（賣方、經理人或其他人）的信譽有任何疑慮的話，他通常就會禮貌性的拒絕。這就是**信任邊際**的重要性：只有對業務、商業模式及人格特質做準確的判斷並不夠（雖然巴菲特早已磨練好這套技能），最重要的事情是，避免把信任放在錯誤的地方，這樣的原則必須被建立起來。

第二部

# 展望

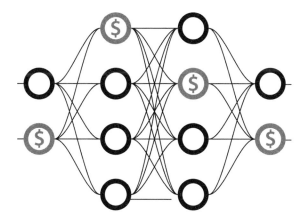

## 第4章

# 交易的原則

　　俄亥俄州州立大學教授約翰・穆勒（John Mueller）在精采的著作《資本主義、民主與拉爾夫還不錯的雜貨店》（*Capitalism, Democracy, and Ralph's Pretty Good Grocery*）中，強調信任是達成交易的重要因素。美國產業史上一些至關重大的交易，就是基於信任才得以達成：

　　美國商界人士依靠信任來達成交易。舉例來說，19世紀標準石油公司（Standard Oil）和鐵路公司間的協議對彼此都帶來巨大的影響，但它們大多只靠雙方握手達成。確實，即使在少數情況下，雙方必須経由法院完成交易，但這樣的交易可能不會一蹴而及，因為建立信任的過程艱辛，但有利可圖，想藉由機械式的邏輯設計來進一步確保誠信，最後的結果可能會適得其反。[1]

雖然美國企業中大多數參與者都遵循相關的法律契約形式，但協商過程通常都不靠它們。巴菲特喜歡非正式的途徑，雖然在很多情況下，制定正式協議無可避免，但從巴菲特對於合約的看法與經驗，就可以了解他對信任極度的偏愛，這在與他有關的上千本書籍及文章中幾乎未曾討論過。

## 非正式承諾

從1965年入主波克夏至今，巴菲特一直重複做出非正式承諾。在眾多非正式承諾中，先從兩個最為有名的案例開始。首先是他會定期聲明，他把波克夏視為所有股東共有的合夥企業，而不是一家公司。這個概念在波克夏年度報告中所發布的多項經營原則中名列首位，最早發布的時間可以追溯到1980年代中期，而且從1995年至2017年，每年都含括在內。

合夥關係的存在，讓巴菲特與波克夏其他經營階層對股東所立下的忠誠誓言，遠比信託責任法對董事會的要求要更為嚴格。從結果論來看，巴菲特反覆的聲明，已經將夥伴關係昇華為不可違背的法律。

承上所述，這些對經營理念的豪氣宣言都是用來傳達一種信念，就是股東和巴菲特一樣，都是公司的擁有者。當然毫無疑問，因為巴菲特和波克夏其他領導階層已經達到最高的合夥義務標準，因此從來沒有任何股東指控他們違背合夥義務。

年復一年，巴菲特反覆重申誠信與誓言，他的個人承諾愈形堅定，也加深波克夏股東給他的尊重。這個過程說明如何透過商業慣例、而非法律合約來建立商譽，它也說明穆勒在《資本主義、民主與拉爾夫還不錯的雜貨店》裡提到的一個觀點：「建立信任的過程艱辛，但有利可圖，想藉由機械式的邏輯設計來進一步確保誠信，最後的結果可能會適得其反。」

　　接著我們來談巴菲特有名的第二個承諾。40年來，巴菲特在波克夏的正式文件、演講或評論中都不斷聲明，當波克夏收購一家公司時，都會傾向永遠持有這家公司。而且他也說到做到，甚至保留那些面臨財務困境的公司。這也是賣家總是對巴菲特極為信任的一個原因。[2]

　　波克夏在討論併購時會提出具體的重點，對很多要把公司賣給波克夏的人來說（特別是重視永久承諾的家庭和企業家），這通常是達成交易的根本原因。但是這些承諾不會出現在波克夏簽署的正式合約中。這麼做是有道理的，因為這種以慣例為基礎的意圖，實際上很可能才是給賣方足夠基礎去推動交易的動力。

　　再者，假設有賣方要求巴菲特或波克夏以書面形式將承諾納入具有法律約束力的合約中，他們發出的訊號可能會被解讀為不信任巴菲特，從而導致交易失敗。讓我們再次引用《資本主義、民主與拉爾夫還不錯的雜貨店》中的那句話：「即使在少數情況下，雙方必須經由法院完成交易，但這樣的交易可能不會一蹴而及。」

# 收購協議

在過去20年中，波克夏大約收購二十幾家上市公司。[3]依上市公司的慣例，這些交易必須透過高度正式的合約進行，這些收購交易要關注的共同點則是賣家的財務報表。財務報表代表的是客觀的陳述，也是買方仰賴的資訊。

財務報表的內容非常詳盡，涵蓋許多艱深晦澀的重點，包含財務報表的附註；證券法規定的文件、資產負債表、損益表及現金流量表公布的時間表；與一般公認會計原則（GAAP）、國際會計準則（IFRS）或其他公認基礎一致的會計標準；或是特定時間列舉出的例外情況。

律師及企業家投注大量心力來勾勒出財報所代表的意涵，希望能降低各方的疑慮，確實讓每個人都贊同。他們試圖為雙方沒有明確承諾或尚未做出決定的問題，保留可以迴旋的空間。實際上，雙方都希望避免對方在法庭上爭辯時，要求法官擱置簡單的書面條款，轉而聽取周遭的相關證詞。

波克夏最早的兩件收購案在確認收購公司的財務上有非常不同的處理方式。巴菲特在2013年及2014年寫給股東的信中講述這些故事，也回憶這些定義波克夏的交易案。當時，它們不僅是重要的收購案，值得一提的是，它們也牽涉到個人特質：其中一個案子的賣方是一個家庭；另一件案子的賣方則是巴菲特的朋友。

第一個案例講述的是波克夏最早、以規模來看也是歷史上最重要的收購案，就是1967年併購國家賠償公司。如今它已經成為世界上最大的產物和意外傷害保險公司。就像巴菲特在2014年給股東的信中所說的：

在我們以86億美元收購國家賠償公司以及它的姐妹公司國家消防與海洋公司（National Fire & Marine）後，（保險）就成為自1967年來推動我們成長的重要引擎，儘管這個收購案對公司有巨大的影響，但執行面上卻是相當簡單。

我的一個朋友，傑克・林瓦特（Jack Ringwalt）是這兩家公司的控制股東，他來我的辦公室告訴我他想要賣掉公司，15分鐘後我們就達成協議。傑克這兩家公司都沒有接受過上市會計師事務所的審計，而我也沒有這麼要求。我的理由是：一、傑克是個誠實的人，以及二、他也是個有個性的傢伙，如果交易變複雜的話，他可能就會反悔。

我們完成這筆交易的購買協議大約只有一頁半，而且合約也是自己寫的，沒有任何一方聘請律師。這筆交易的每一頁肯定都是波克夏最好的交易：國家賠償公司今天在一般公認會計原則的計算下，淨資產達到1110億美元，已經超過世界上任何保險公司的價值。

第二個案例提到波克夏最早收購的家族企業，那就是1983年對內布拉斯加州家具公司（Nebraska Furniture Mart；NFM）的收購案。這家公司原本是由布魯金（Blumkin）家族擁有，而波克夏所建立以信任為基礎的模式與這件收購案同樣具有著舉足輕重的關係，正如同巴菲特在2013年寫給股東的信中說道：

> 我帶著一又四分之一頁自己起草的內布拉斯加州家具公司收購提案去拜訪羅絲·布魯金（Rose Blumkin）女士，羅絲二話不說就接受我的提案。我們也沒有透過投資銀行或律師就完成交易（這樣的美好經驗只能用上天堂來形容）。雖然公司的財務報表沒有經過審計，但我一點也不擔心，羅絲女士知無不言，對我來說已經夠好了。

國家賠償公司和內布拉斯加州家具公司的收購案都展現出無比的信任，波克夏以相當非正式的方式進行這些重大投資。這些交易、這些財務報表會被接受，核心要素是由巴菲特信任的人真實描述公司狀況。然而如果財務報表不正確，或是巴菲特解讀國家賠償公司或內布拉斯加州家具公司的結果與呈現的財務報表不一樣，又會發生什麼事情呢？

　　在傳統的正式合約中，財務報表的陳述提供相關的規則來解決這些爭議，例如財務報表要「客觀陳述」或「符合一般公認會計原則」的規範。但是在這些非正式合約中，沒有這樣的規則。要解決任何爭議，都需要對業務背景、協商過程，以及對交易的兩方彼此都有所了解。

　　或許巴菲特只是認為他和林瓦特與布魯金有共同的認知，並且能夠解決任何的歧見。如果他們需要尋求公正的仲裁者（例如法院），那麼仲裁者肯定會需要蒐集非常大量的訊息，超過非正式合約中所涵蓋的有限指導方針。

　　最後的結果則是各方的信任度都很高。如果說在美國產業界中最重要的交易樣板是大型油商與鐵路公司間的交易的話，那麼在波克夏，就是國家賠償公司和內布拉斯加州家具公司的收購案。這些早期的收購案使巴菲特和波克夏建立聲譽，說明他們是「信任的信仰者」。巴菲特決定在2013年和2014年的信中重述1967年到1983年的故事，用來重申他堅定相信信任的價值。

117

## 盡全力促成交易條款

　　許多收購案都需要多個協議，例如正式的合併協議，以及與高階主管間的個別雇用契約。其中一個例子就是1986年波克夏對史考特費策公司的收購。在敵意併購環伺下，波克夏以白馬護衛之姿提出併購，最後讓史考特費策公司投入懷抱。

　　合併的協議是由蒙格代表波克夏簽署，而且大部分內容也是由他擬定。[4]一開始只有4頁的篇幅，經過修改和重新編排後的最終版本增加到8頁，大概只有當時併購協議平均長度的20%而已。

　　有些條款是相同而直接的。例如在一些簡單的陳述中，其核心意涵就是對財務報表與證券法規的落實。同樣的，有一項條款也限制史考特費策公司和其他願意出更高價格的潛在買方洽談（也就是所謂的噤聲條款〔no-talk clause〕）。

　　此外還有一些新的條款。首先，對史考特費策公司來說，州法只要求大股東投票同意這項交易，但蒙格的合約卻要求三分之二的絕對多數，以及即使董事會的受託人責任（fiduciary duty）要求，噤聲條款也不允許任何與第三方會談的例外情形。[5]

相對的，這項合約要求史考特費策公司的董事會「盡全力促成」與波克夏完成交易。這是一個取決於對條款解讀的模糊性概念，而為了協助解讀條款，對於「盡全力促成交易」條款又增加新的具體要求：如果無法獲得三分之二投票同意的話，史考特費策公司在下一季再召開另一次會議，並且使盡「洪荒之力」來爭取需要的選票。而這份合約也說明它的目的（這是一般併購案中另一個罕見的事情）：

股東徵求程序有兩個可能的目的：一、及早安排第一次（可能也是唯一一次）的委託書徵收，以加速併購案進行，並盡快付款給史考特費策公司的股東；以及二、確保一家極具信譽和負責任的公司（波克夏）基於史考特費策公司的股東利益考量，致力將併購的衝突降到最低，並且以較長的時間對這

119

項併購案付出努力，用承諾來換取回報。這些交易條款都是經過史考特費策公司的股東仔細考量，認為雙方的承諾公平合理才會成案，因為協議必須經過史考特費策公司三分之二流通股股東同意才能通過。

這些條款簡潔、新穎且清晰，因此受到歡迎。而且與眾不同的是，它也跳脫合約解讀的複雜性，大多數「盡全力促成交易」條款通常需要注意相關文義，但這些條款卻使用通俗易懂的文字，也明確而無誤的說明各方希望董事會承擔什麼樣的責任。

依照規定，「盡全力促成交易」條款適用於任何情況。即使企業的受託人責任可能需要和其他追求者討論更好的潛在交易，但法院很難從表面上看待這樣的條款，有時候會說受託人無法藉由訂定合約來解除受託人責任，因此合約的明確意含和交易背景間通常會有張力存在。[6]

這個案子是一件白馬護衛的收購案，至少有一個敵意併購的對手是史考特費策公司董事會堅決抗拒的對象，因此它與波克夏都傾向訂定最嚴格的條款，而且非常相信彼此，並強烈不信任其他併購者。

史考特費策公司的收購協議也要求波克夏尊重賣方目前管理階層的雇用協議。在這一點上，波克夏和公司執行長拉夫爾・謝依（Ralph Schey）個別簽訂雇用契約。幾年後，巴菲特在寫給波克夏股東的信中提到：

我們和拉夫爾・謝依的薪資協議在5分鐘之內就敲定，幾乎就在收購史考特費策公司後立刻生效，沒有律師或薪資顧問的「幫助」。這樣的安排體現出一個非常簡單的概念：那些不肯輕易發出大筆薪資帳單的顧問不喜歡這樣的雇用條件，否則他們會認為你麻煩大了（當然，這需要每年檢視）。

我們與拉夫爾的協議從未改變，無論是在1986年或是今天，這個協議對他或對我來說都相當有意義。雖然根據業務的經濟特性會有所差異，但我們和其他單位經理人的薪資處理也一樣這麼簡單。而某些情況下，也會存在例如經理人擁有部分公司所有權等這些情形。

因此，在史考特費策公司的交易中，我們有兩種非常不一樣的協議：一份正式的合併協議（通常非常簡短），以及一份非正式的聘雇協議（明顯包含關鍵的薪資條件）。這麼做有個很好的理由，合併協議提供獨特或暫時的一次性功能：史考特費策公司的董事會要股東同意合併，如此一來它就可以結束收購狀態，並讓買方取得擁有權。信任的程度至關重要，而且繁文縟節的規定愈少愈好，就很容易只專注在真正重要的事情上涵蓋最多細節，不需要處理其他的事。

相對而言，雇用協議處理的就是長時間持續的夥伴關係。例如謝依一直到75歲才退休，持續在公司工作14年。儘管薪資和激勵措施十分重要，卻很難說最重要的事情是什麼。這也是為什麼當聘雇合約在規定員工的職責時，它們通常會使用蓋括性的用語，例如要求員工為雇主盡「最大努力」，這樣的概念在很大程度上就必須

取決於信任。如果要確定工作包含的特定義務，就必須
關注在條款內容上。

波克夏通常在收購時會承接現任經理人的合約，有
時甚至會精心製作這些合約。以波克夏2000年收購的
中美能源公司負責人大衛‧索克爾為例，他的合約有15
頁，單行行距，詳述繁瑣的細節，甚至包含複雜的合約
終止事宜。

索克爾是波克夏最知名的子公司執行長，而且被公
認為巴菲特的接班人。但2014年他卻將波克夏捲入搶先
交易（front running）的傳聞中，這是在把公司推薦給
巴菲特作為收購標的之前，自己搶先買進股票。這個時
候，合約內容就相當重要，因為在所謂的「正當理由」
定義下，它會限制公司終止聘雇的權力。

這個定義一共有425個字，涵蓋像「故意」等法律
概念的界定，並設定**嚴重**失職和**明顯**傷害公司的認定，
對於規範未竟之處也必須預先警告，最後還必須透過董
事會來決定是否符合違規的認定。因此對於處理高階經
理人深陷的麻煩提供嚴格的認定標準，法院甚至可以不

用在法律字典中找尋「故意」的定義。

　　但是，就像巴菲特在與謝依訂定的合約描述，這份合約是以模糊的說明來規範高階經理人陷入麻煩的情況。合約有設定年限，因此必須有合法的理由（正當理由）來中止合約。但是，什麼才是「正當理由」，這取決於一般法律定義與合約細節。

　　搶先交易想必已經符合解雇條件，所以依照合約，索克爾應該被掃地出門，畢竟，當信任帶來失望的結果時，就應該亡羊補牢。然而，由於索克爾的合約是承襲自中美能源公司，而非跟波克夏簽訂，這也讓波克夏更難去終止聘雇合約，索克爾的律師甚至還聲稱這項搶先交易有在事前有獲得允許。

　　最後，波克夏還是依照程序終止與索克爾的合約。合約的詳細規範讓企業需要以這樣的方式來行使權力，而行使權力的一些條件不是基於累積的信任，而是必須源自法律的機制。（我們會在結語用其他角度來詳細探討這個故事。）

# 精神與文字

擬訂和解釋合約時，合約正式和非正式程度的關鍵，在於文字和精神哪一個比較重要。在這個問題上，波克夏還有另一組不同的合約，可以說明非正式承諾如何被嚴格遵循，而正式的合約卻反而導致更多的違約。

在這些案例中，波克夏都是併購與家族企業有關的上市公司，這些家族關注公司的歷史或經營。第一個案例是2000年時收購的塗料製造商班傑明摩爾公司（這是一家長期以獨立經銷模式經營的公司，不是大型零售商；另一個案例則是2013年收購的調味品製造商亨氏公司（H. J. Heinz Company），它一直以來都對匹茲堡家鄉社區高度忠誠。

這兩件交易主要的不同在於，波克夏收購班傑明摩爾公司的全部股份，但卻是與私募公司（3G）合作收購亨氏公司，這也是完成這筆交易的重大關鍵。

波克夏與班傑明摩爾公司簽下幾份正式和非正式的合約，包含一份正式的合併協議，以及確保摩爾家族成員和其他內部人士參與這次交易的股東協議。因為公開揭露的相關訊息都很明確,所以所有參與者都認同獨立經銷制度對這家公司的重要性。

由於正式協議裡沒有相關的承諾,交易達成後不久,就傳出經銷商對於獨立經銷制度能否延續感到擔憂。於是巴菲特拍了一支影片,表示支持既有制度,不會轉為透過大型零售商銷售。幾年之後,當摩爾公司兩位連任的執行長出於業務需求想要打破這項承諾時,巴菲特就信守承諾加以干預,並且將他們撤職。

在亨氏公司的收購案中,合併契約也致力完整保留公司文化與匹茲堡的連結。它聲明:「在交易完成後,公司目前的總部就在匹茲堡,而賓州也會是存續公司總部的所在地。」

波克夏(稱為「母公司」)的子公司在併購前制定的一項條款也保留下來,這項條款聲明:「在交易完成後,母公司應該讓存續公司保留傳統,並且繼續支持匹茲堡的慈善事業。」

合約也賦予公司有權利來命名匹茲堡的專業運動場

館，稱為亨氏球場（Heinz Field），並要求保留這個名
稱，同時也要求雙方在新聞稿中說明對這筆交易的承諾。

　　但是在與亨氏公司達成交易後的一年內，經波克夏
共同收購者3C公司同意指派的經理人，就裁掉匹茲堡總
部的300名員工。此後不久，亨氏公司又和總部位在芝
加哥的卡夫食品集團（Kraft Foods Group）合併成立卡夫
亨氏公司（Kraft Heinz Company），更進一步稀釋匹茲堡
的地位。

　　當公司設立雙總部，並宣稱自己一直維持匹茲堡關
係的合約時，當地人感受到這只是空洞的說詞，因此大
舉遷移到芝加哥。公司的做法或許確實沒有違反條款，
但卻產生可想而知的疑慮。在班傑明摩爾公司，一個最
不正式的承諾，是用充滿熱情且一絲不苟的方式在實
踐，而亨氏公司在高度正式化的協議中，卻用十分技術
性的方式在取巧。

　　有強制力又如何呢？在班傑明摩爾公司，環境可能
會成為經銷商要求巴菲特信守承諾的理由。在熟悉的經
銷商團結一致且憂心忡忡的情況下，對勸導留下的經銷

商直接表達承諾，自然讓他們有權利來要求兌現承諾。

比起一般大家認為企業會提出長期的承諾，在亨式公司，會使用較不精確、稍微可以更改的用語。舉例來說，沒有時間框架（只是反覆重述「從交易開始與完成之後」）或基準（只有含糊的提到「維持傳統」或「支持慈善事業」）。

再者，亨氏公司的承諾是由買方做出的，在收購交易完成後，因為買方擁有亨氏公司，因此就算買方違反承諾，並不會對自己提出控訴。此外，除了特殊情況外，合約還否認第三方的權利，例如選擇權的擁有人與受保障的個人權利。而這裡並沒有提到匹茲堡的總部人員、匹茲堡的慈善事業或亨氏家族，從形式上來看，這就跟沒有承諾一樣，或者用最貼切的說法，這是一個沒有原告的承諾。

而情況又會是如何呢？對於篤信信任的巴菲特來說，這個協議體現一項必須從背景來理解、不具體的承諾，你可能甚至會說，匹茲堡的承諾與無第三方條款之間存在衝突，因此需要更多的訊息來決定這條條款的真

正意涵。這個衝突也顯示匹茲堡的承諾可能只是宣傳的
噱頭，似乎具有詐欺的嫌疑，甚至可以想像有天匹茲堡
的權益問題會鬧上法庭。

　　摩爾的承諾看起來似乎像是長輩做出的保證，不是
合約上的承諾，就跟巴菲特在影片中所做的保證一樣。
同樣的，亨氏公司的協議也可能是「暫時性意圖」的表
達，是陳述企業的信念，而不是法律上的約定，也很像
巴菲特將波克夏視為夥伴的誓言一樣。然而到最後，亨
氏公司的合約和後續動作看起來愈來愈像典型的企業併
購手法，而不是更具信任感的波克夏模式。將3G公司納
入亨氏公司的收購案似乎更能解釋這樣的差異。（這個
交易案，以及一般所稱的私募基金將在第7章進一步討
論。）

## 握手就是合約

　　在公司收購協議的歷史記錄中有一條著名的話：
「在德州，握手就是合約。」這個論點在1985年說服德

州的陪審團,因為德士古公司(Texaco)非法擾亂蓋帝石油公司(Getty Oil)和彭澤爾公司(Pennzoil)的合併而判定有罪。雖然正式的合約並未經過簽署,但陪審團判決賠償100億美元還是讓德士古走向破產。[7]無論是好的法律,還是明智的公共政策,人們還是必須依靠非正式的承諾來自我約束,即使知道法律細節必須訴諸正式的合約協議,但這樣的做法還是十分值得注意,無論是法律的文字或是合約的精神都必須被尊重。

第5章

# 董事會的組成

　　對於任何董事會候選人，華倫・巴菲特最想知道的
問題就是他們是否是股東導向。在與股東建立信任時，
沒有比大量任命這樣的人到董事會還要更好的方法了。

　　巴菲特認為，信任在董事會中至關重要。這種信任
延伸出董事會最重要的責任：任命傑出的執行長。其他
都是次要的問題，因為如果董事會任命一位優秀的執行
長，要面對的重要問題就會很少。

　　然而，沒有多少董事會能夠這麼簡單地運作，所以
巴菲特為上市公司的董事提供額外的指引，而他應該也
知道這件事情。他曾經開玩笑說，他做的事情如果放在

很多上市公司的董事會中，會顯露出一種「非常占優勢的受虐基因」。[1]因為在董事會的工作中，巴菲特會與超過300位以上的董事與許多執行長一起互動。

在所有公司的執行長中，巴菲特認為最優異的人有：湯瑪士‧莫菲，他過去曾經領導大都會通訊公司（Capital Cities Communications），直到1985年這家公司被美國廣播公司；羅伯特‧艾格（Robert Iger），他是莫菲的門生，從2005年開始一直經營迪士尼公司；以及凱薩琳‧葛拉漢（Katharine Graham），她從1973年到1991年一直卓越經營華盛頓郵報公司（Washington Post Company）。

這些執行長都符合巴菲特實際的底線測試：所有人都信任他們，並且樂於讓自己的孩子和他們結婚。

巴菲特表示，所有執行長都需要經過績效表現檢驗。董事會的外部董事必須制定這些標準，並且根據這些標準在執行長不在場的情況下定期評估。對於特定業務與企業文化，標準可以有所不同，但仍應該著重在基本的原則上，例如股東權益報酬率與每股市值的成長。

業績表現不應該基於每季盈餘的多寡，或是達成相關的設定目標。事實上，巴菲特認為不要分析師提供獲利指引通常比較好，董事們也可能提醒執行長，這樣的指引並不需要，而且也不一定符合股東利益。

為了營造信任的環境，巴菲特建議所有董事應該想像在唯一的股東也缺席的情況下來做事，並盡一切努力來提高股東的長期利益。他們需要獨立思考，來縮減「長期」給予執行長的迴旋餘地：雖然公司的領導者需要以每年，而非每季的方式來思考，但是他們不能要求股東永遠有耐心，來合理化自己差強人意的績效表現。有鑑於此，董事最好購買並持有公司大量的股份，讓他們真正和股東站在同一條船上。

巴菲特就實踐這項承諾，他是**追求卓越**的股東擁護者，在董事會的工作幾乎涵蓋波克夏擁有大量持股的公司，著名的例子包括：大都會與美國廣播公司（1986-1996）、可口可樂公司（1989-2006）、吉列公司（Gillette，1989-2003）、卡夫亨氏公司（2013-2016）、所羅門兄弟（1987-1997）、美國航空集團（US Airways

Group，1993-1995），以及華盛頓郵報公司（1974-
1986，以及1996-2011）。

巴菲特的董事任期也是一項長期的承諾，在前面
提到的公司中，幾乎所有公司在任期結束時放下董事
職務，原因只是因為這些公司已經不存在，包括大都
會與美國廣播公司被迪士尼合併；吉列被併入寶僑家
品（Procter & Gamble）；所羅門兄弟被旅行者保險公司
（Travelers Insurance）合併；美國航空併入美國西方航空
（America West　Airlines）；華盛頓郵報的資產被分割出
售。只有兩間公司例外，一個例外是卡夫亨氏公司，巴
菲特的位置由波克夏的副董事長葛瑞格‧阿貝爾接任。

另一個例外則是可口可樂公司。2005年，儘管波克
夏已經長期持有這家公司大量股份（市值80億美元，現
在市值更逼近200億美元），美國加州公務員退休基金
（California Public Employees' Retirement System；CalPERs）
及機構投資人服務公司（Institutional Shareholder
Services；ISS）仍要質疑巴菲特身為董事的獨立性。他們
引用自己的檢核表，反對特定的業務關係，指出冰雪皇

后公司（Dairy Queen Corporation）等多家波克夏子公司是如何成為可口可樂公司的客戶。

在隨後的董事會選舉中，雖然16％的股份投票給巴菲特，使他再次連任，但巴菲特卻選擇辭去職務。即便我們不同意那些質疑巴菲特的人的看法，但他還是對股東投票做出回應，並樹立榜樣：任何董事如果被要求接受這種重要的留任投票，都應該從董事會離開。但是這樣的爭論並不恰當，因為美國加州公務員退休基金和機構投資人服務公司都沒有自問，巴菲特是不是可口可樂公司股東權益可靠的管理者，這是一個需要考量背景的問題，而不是一個該被列在檢核表上的問題。

如果執行長的表現持續低於外部董事設定的標準，那麼董事會就必須撤換這位執行長，對他們監督的其他高階經理人來說都是如此，就像一位聰明的股東會做的事情。再者，董事必須是股東資金的守門員，以遏止任何管理上損及股東權益的逾矩行為。從傲慢的併購盛宴，到藉由內線交易而讓管理者致富的內部醜聞或相關危機，這些都可能是損及股東荷包的偷竊行為。

這些問題都會損及信任，因此在解決這些問題的時候，董事都必須公正、迅速且果斷。在危機中，波克夏的口頭禪就是「修正問題、排除問題、解決問題」(get it right, get it out, and get it over)²，前面提過1991年所羅門兄弟的債券交易糾紛就是經典案例。在知道公司有違法行為後，約翰・古弗蘭（John Gutfreund）卻放任問題惡化，姑息鄉愿，也沒有通知董事會或監理機關，而董事會在意識到這件可怕的事情後，就立刻就要求古弗蘭離職，他們接著任命不太情願的巴菲特來領導這家投資銀行走出泥淖，並重塑企業文化。

　　董事如果察覺管理或治理上的問題，包含損及信任的問題，應該立即提醒其他董事注意，如果有足夠的說服力，就能很容易採取步調一致的行動來解決問題。

　　近年來，在美國董事會中，信任的程度已經降低，取而代之的是機械化的企業管理方式。舉例來說，分拆董事長與執行長的角色、擴大董事會規模、新增獨立董事、採用新的道德規範、新增公司的法遵，以及指派多個委員會來管理所有事務。

　　儘管這些步驟可以改善組織的健全狀況，但是定義企業文化的非正式規範卻更為強大。董事會促進、贏得與維繫信任文化的最好方式，就是任命一個值得信任的執行長，並且在做決策上取得股東的信任。

　　巴菲特說，公司應該讓持股最多的長期投資人擔任董事，應該讓這些代表人對影響公司長久價值的議題進行股東投票。實際上，公司應該尋求互惠互利，讓公司董事能接受股東的觀點。

　　即使是高素質的董事都有可能會因為巴菲特所說的「董事會的氛圍」而遭致失敗，因為董事會都是由彬彬有禮的成員組成，他們會認為提出某些議題（從質疑明智的收購案到執行長的接班），就像是在晚宴上打嗝一樣失禮。

　　因此巴菲特致力調整會議室裡的社交氛圍。該怎麼做，需要取決於公司的文化，以及與會者的人格特質。除了正式會議之外，董事會可以召集餐會，或提供訓練與進修課程，這些場合都提供社交參與的機會，有助於建立信任，以及促進更好的討論和最後的成果。

在這裡，股東也能扮演角色。巴菲特指出，少數大型機構在集體行動下，可以對容忍惡行惡狀的董事輕易收回選票，藉此有效改革公司的企業經營。他有感而發的說，在某些情況下，這種共同行動是改善經營的唯一方法。[3]

　　最後，在董事會進行接班計畫的時候，應該尋求哪些特質的董事？答案是具有誠信且能信守承諾的人。他們具有管理技巧、經驗豐富，而且能夠監督公司特別的營運模式與企業文化，他們也是股東導向、勤奮努力、思維清晰、善於溝通且精明幹練的人。勤奮努力、充分準備與親自出席等基本習慣很重要。更重要的是，擁有值得信任的董事，以及董事會可以指派優秀的執行長，並給其揮灑的空間，才能讓公司做到最好。

第6章

# 以信任為主的組織

　　波克夏模式最基本的影響就是保留管理設計和業
務結構變動的可能性。這可能會涉及到很多議題,特別
是包含董事會的特質與責任、企業執行長的能力,以及
「信任」與「內控」對組織發展方向的駕馭程度比較。過
去30年,美國的政策在這些議題上所採取的方向和波克
夏背道而馳。

　　在波克夏崛起的中後期,美國企業的董事會已經從
顧問模式轉變為監督模式,來自四面八方的旁觀者都將
外部董事當作解決管理挑戰的方法,因此讓專業的重要
性被獨立性所取代。

這樣的轉變掩蓋波克夏的董事特質，尤其是以股東導向、對業務的了解，以及對公司願景的承諾。這些政策方向很大程度上是由周期性的需求所驅動，想要平息政治爭端或應對危機。然而獨立性的訴求卻產生代價更為高昂的後果。[1]

　　儘管董事的獨立性在公司治理上仍是備受吹捧的特點，然而對專業的訴求卻也捲土重來。舉例來說，2002年的「沙賓法案」（The Sarbanes-Oxley Act）要求董事會必須具備財務專業知識；2010年的「陶德‧法蘭克法案」（Dodd-Frank Act）也考慮類似薪酬委員會等做法。這對內部董事來說不是一件容易的事，卻也至關重要。

　　波克夏的模式既彰顯專業價值，也證明具備危機控管體制的重要性（例如終止管理階層的雇用合約），並在轉型期間能夠帶領企業（巴菲特十分仰賴波克夏的董事會在他離席後持續推行政策）。從波克夏的模式可以看出設立董事會，以及反對獨尊董事會的理由。[2]它證明一家企業即使在舊式的顧問董事會模式下，也依然能繁榮發展。

1990年代以前，執行長有很大的權力可以選擇董事與聽話的股東。然而獨立董事會與股東行動主義的興起改變這個動向。隨著董事與股東的影響力與日俱增，他們的作為也進一步削減高階經理人的權力，這種轉變的長期影響或許尚未浮現，卻可能會成為浪潮。[3]

波克夏的模式則提醒人們注意高階經理人的權力所帶來的價值，並對這種大規模的變革提出警訊。身為執行長，巴菲特毋庸置疑不會被貼上易於沉浸在虛榮感或陷入違背道德陷阱的標籤。這也證明對執行長來說，這個模式的缺陷並非不可避免。[4]而波克夏計畫將巴菲特過往擔任董事長和執行長的角色分別交棒給兩個人，這也顯示出因應不同情境採用彈性管理設計的吸引力，亦即在巴菲特任職期間統合這些角色再好不過。但在後巴菲特時期將這些角色分開可能會是最佳選擇（第12章會討論接班議題）。

公司內部事務在各個層面上其實都有類似的意涵，本章接著會討論一些層面，包含內控、設立行為準則，以及波克夏推動股東導向的偏好。

# 內控與信任

在過去40年中，企業內控已經成為各種國際問題的首要政策選擇，這些國際問題從金融詐欺到恐怖份子的資金來源都有。儘管這已經廣泛成為解決消費者物價哄抬、勞工安全與環境保護等問題的監督工具，但實際上也很難衡量這些內控措施是否具有效率，以及是否值得花費如此高昂的成本。

企業內控是從20世紀初期開始發展，這是幫助公司實現目標的內部流程，這個構想確實讓人對成果產生一定的期望。然而從20世紀後期以來，使用內部規定作為領導政策的選項卻開始出現負面的影響，它們演變成用來防止意外事件發生的流程，而這樣的結果註定會讓人失望。

畢竟，內控在本質上有自身的限制，它們可以巧妙的滿足適當做好控制的理想期望，但若想更進一步達成更高的期望，期望破滅的機率也會隨之上升。

系統性的力量讓內控成為吸引人的選項，而監督型

的董事會崛起也扮演重要的角色，它符合內控的想法，
而且促成這樣的監督方式。[5]雖然放鬆管制與加強合作雙
方的尊重，比起直接規定是個更加誘人的替代選項。但
由於州法與聯邦法反對，使得內控成為將聯邦政策導入
企業事務頗具吸引力的方式。

企業的社會責任要求企業要有更強的責任感，而為
特定企業利益做出的管制規定，似乎就是為了這個目的
所量身訂做。因此在審計人員和律師的領導下，在內控
的設計、執行與測試上開發專業技術，整個法遵產業也
隨之興起。

這些規定經常表面上看起來有效，也可以被審計，
但並不會真正達到內控的效果。結果，美國企業往往會
預期這些內控效果會超過這個系統可以達成的期望。[6]

波克夏的經驗則是用最少的規定，表達對仰賴信任
的高度支持。這說明在促進法遵或達成其他理想的結果
上，規定並非一定必要。政策制定者應該要更願意包容
這些以信任為基礎的文化，而不是一昧倒向規定許可的
風潮。同樣的，公司也應該親身試驗這些方法。

不過即使是波克夏，也維持著對財務報表的內控機制。就像巴菲特開玩笑說：「當個該死的傻瓜並沒有意義。」[7]這句話點出一個重點：「在信任與內控之間，以及設立準則與規定之間，如何達到正確的平衡？」

## 行為準則與規定

大多數主流員工都是值得信任的，他們會自動自發的遵守公司的政策與相關法律，但也有一些人會投機取巧。

為什麼大多數人都很聽話，卻有少數人不道德呢？這是一個永遠爭論不休的問題。對於這個問題的答案，有兩個主流的說法在爭論。

一個理論著重在成本效益分析及相對應的規定；另一個理論則是強調是非對錯和行為準則的認定。以設立規定為導向的組織，會投入大量資源在內控規定的執行上，形塑出遵守規矩的文化；而以信任為基礎的組織，則會把重點放在設立行為準則，推廣道德文化。

　　以設立規定為導向的做法是把所有人看成是理性追求財富極大化的人，他們會計算成本效益來選擇遵守或是違反規定。[8]成本效益的計算因為公司不同會有很大的變化。投機取巧的好處可能包括達成某些目標的紅利，而成本則包含（經過機率調整後）被抓到會付出的代價，包括受到的懲罰。因此，公司會採用正式的內控做法，像是制訂與執行規定、定期檢視，以及施加懲罰等方式，來增加違規的成本。

　　對某些公司來說，要設計對應的架構來降低成本效益算計，讓遵守規定較為有利是項挑戰，因為不同的措施提供的誘因大不相同，而且每個人面對的環境不同（從距離退休的年齡，到找到其他工作的期望都不同），因此使得這項任務變得複雜，而最後的結果會讓公司採用加倍嚴格的控管方式。然而，這麼做卻會帶來成本，特別是創造出令人窒息的官僚氣息，不利創新與企業家精神。

　　行為準則是指對是非對錯的認知，這是自發產生的行為標準，如果違反就會讓人感到羞愧。[9]它鼓勵員工達成目標，但不是用越界或走捷徑的方法。在公司內部，行為準則是透過一系列的力量所形成，例如當經理人意識到自己是代表其他人採取行動時，他們就會自然產生信任感，而且違反眾人預期會帶來愧疚，還有對官方政策的嚴辭回應表示尊重。

內控與信任的相對成效在不同公司有很大的變化。它們在不同文化中的表現可能更好或更差，而其相對存在程度也會反過來幫助定義這些文化。

當員工相信評斷的標準很公平，而且所有特定準則都是以合法的基礎發展時，設立行為準則的方法就會更加有效。這解釋巴菲特為什麼會強調誠實與正直。他要求經理人維護波克夏的名聲，並希望把這樣的訊息傳達給所有員工。

公司規模很重要，人們在較小的群體中會比在較大的群體更願意遵守行為準則。然而波克夏這麼龐大，有40萬名員工，每年營收2500億美元。而它的處理方式則是積極把權力下放到規模較小的子公司，接著再下放到數千個規模更小的事業單位。因此員工會與自己的事業單位緊密相連，而不是與抽象模糊的集團企業緊密相連。

　　現在來討論責任感。信任是強大的催化劑，責任感充滿力量，而且鼓勵互惠，而被賦予信任的人也會證明自己值得信任。引述亞伯拉罕・林肯（Abraham Lincoln）的話：「當人們受到全然且毫無保留地的信任時，他們會回報相同的信任。」

　　波克夏的自主管理證明這一點，而且多年來，許多波克夏的經理人都呼應布魯斯・惠特曼說過的話：「因為想要被信任，就會更致力於贏得這樣的信任。」

　　而時間也很重要。把行為準則設定在更長的時間或更寬廣的目標（例如「賺取十年的投資報酬率」），比起較短的時間或更狹隘的目標（例如「本季的每股盈餘」），會更有效被大家遵守。同樣的，波克夏設定的時間與致力達成的目標也都符合這項特性。

　　綜上所述，波克夏以信任為基礎的文化之所以能夠蓬勃發展，要歸功於高階主管清楚強調行為準則、分權、自主管理與永久性。而這套體系也藉由採用股東導向為志向，來達到自我強化。

# 股東導向

　　基於波克夏是合夥企業的信念，巴菲特始終強調公司擁有股東導向的重要性。這個導向如何建立，在各個事業單位間不盡相同，而且薪資慣例通常也扮演重要角色，這也是波克夏採取分權做法的另一個原因：所有員工薪資都是由直屬單位來設定，亦即巴菲特設定總部及子公司負責人的薪資，而他們則負責為旗下的員工設定薪資。

　　一般來說，波克夏不會把股票選擇權納入薪資，因為除了巴菲特以外，沒有人可以為公司整體的業績表現負責，因此除了他以外，以股票作為其他人的酬勞都是不合適的。（未來董事會可能會以股票或股票選擇權支付薪資給巴菲特的接班人，例如葛瑞格·阿貝爾或阿吉特·賈因。）

　　和股票選擇權相比，股票所有權是波克夏文化中相當重要的一部分。例如，很多股東將公司出售給波克夏後，都會保留公司的股權。雖然各筆交易的確切原因可能不盡相同，有時候是波克夏要求做這樣的安排，有時則是股東要求，但雙方都經常這麼做。

併購後，波克夏會珍視某些公司原有股東經營的態度，並延續下去。例如，在波克夏收購蕭氏工業（Shaw Industries）時，要求蕭氏工業兩位高層與他們的家庭繼續持有公司的股票數年，屆時波克夏再根據帳面價值的變動所決定的價格來買進剩下的股權。

波克夏在另外兩件大型收購案中也做了類似的安排，也就是買進大量控制股權，但是一段時間內也暫時讓家族經營者持有部分股權。這兩件收購案分別是普立茲克家族的馬蒙集團，以及威特海默家族的伊斯卡／國際金屬加工集團。在這兩件案子中，雙方都重視股權的逐步轉移，家族經營者是出於稅負和自身計畫的考量；而波克夏則是考量延續經營的訊號與本質。

波克夏在併購時會做出許多具有誘因的安排。例如2001年主動收購建築材料製造商密鐵系統就是一個明顯的例子。這家公司（身為英國母公司旗下的子公司）的高階經理人就積極參與波克夏的交易，公司10％的股票是由55位經理人所持有，每個人都投入超過10萬美元的投資，而且即便借錢也這麼做，因此經理人也以股東的身分擁有一部份的公司。

在波克夏，許多薪資的安排也和子公司的獲利有關。有些安排很明確，而且直接促成股東導向的效果，例如擁有波克夏風格的布朗鞋業公司（H. H. Brown Shoe Company）就是很好的例子。它的歷史可以追溯到1883年，當時是由亨利・布朗（Henry H. Brown）在麻州的內蒂克（Natick）創立，接著成為美國製鞋業的龍頭。1927年，布朗以1萬美元的價格將公司出售給一個29歲名叫雷伊・賀福南（Ray Heffernan）的企業家，他一直經營公司，直到1990年高齡92歲過世為止。

賀福南建立一個不尋常的制度，它的經理人只領取名目的年度薪資，卻可以分享公司一部分的獲利。多虧這個提供誘因的薪資結構，公司的業務年復一年穩定成長，包括透過偶爾的併購與開拓性的產品創新，例如將Gore-Tex的防水技術應用在鞋子上。巴菲特從來沒有下達任何指令要改變這個薪資制度，而且這也不是波克夏會干涉的事。

許多人認為波克夏的薪資結構是各公司一體適用的，但情況卻非如此。最讓人驚訝的是，對應不同業務有各種指標，以及相關的薪資和紅利計畫。例如，在經營汽車保險的蓋可公司，每個年資超過一年的員工都可以參與分紅。在蓋可公司，最重要的是顧客保留率和純熟業務的核保利潤。相形之下，在通用再保險公司，重要的則是浮存金的成長與成本。

班傑明摩爾公司的經銷商與冰雪皇后公司的加盟主，就像企業主一樣是賺取營收扣除費用後的紅利。對這兩家公司來說，這種業主經理人的模式讓公司能盡力降低費用，並追求更高的營收。因此，這類公司的經營階層會有類似的誘因來以股東導向的方式經營公司。

企業家有很多動機從中賺錢。飛安公司的艾爾·烏爾奇和布魯斯·惠特曼就是受到對航空的熱情，以及對於有效飛行訓練需求的個人偏好所驅使；而在賈斯汀製鞋公司，約翰·賈斯汀則是想要讓他德州家族的牛仔鞋業務得到認可，並加強與牧場生活的個人連結。然而他們三個人也都追求最終以金錢來衡量的業績表現。

　　大多數的企業家都有多重混合的動機，包含為了自己的目的（包括某些無形價值）和獲利而想要達成的目標。這些人包括許多已經財富獨立、不需要額外金錢獎賞的波克夏執行長在內。對那些已經在財務上獲得成功的人來說也是如此，他們之中有少數在創立企業時就已經財富獨立，例如葛瑞格・阿貝爾、吉姆・克萊頓與艾爾・烏爾奇都贏得白手起家獎（Horatio Alger Award），但他們還是會受到財務獎勵的激勵。

　　單純只有薪資獎勵並不能保證會出現特別優異的行為，因此，了解驅動人們的特殊誘因也就格外重要。在企業經營中，感覺擁有企業可能是最好的參考指標，而這可以用不同的方式來提供。同樣的，這也是波克夏熱愛分權的原因，因為他們知道如何制定最好的政策。那麼這對波克夏的結果又是如何呢？股東導向的公司往往沒有企業醜聞或勞資糾紛（我們會在第9章討論例外情況）。

　　波克夏的副董事長阿吉特・賈因曾經將觀察到的結

果告訴我們：「波克夏並不是一家超級市場，而是把街角雜貨店集合起來。」這種見解可以解釋這家公司的內部事務，包括為何信任在較小的事業單位比在較大的組織更牢固的原因。

第三部

# 比較

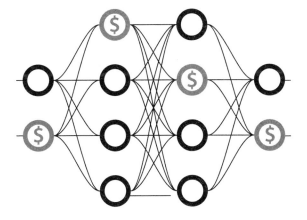

# 第7章

# 股東行動主義與私募基金

相較於其他流行的商業模式，波克夏鮮明的特色更加凸顯。在其他商業模式中，在投資面上可以思考股東行動主義的做法，而在組織所有權的角度上，則可以考量私募基金的做法。雖然信任在股東行動主義和私募基金的許多層面可以發揮一些角色，但並非這兩個模式的主要特徵。

實際上，從定義來看，行動主義者的行動普遍存在敵對性，這是對現有管理階層失去信任。這往往會破壞信任感，在董事尋求或贏得行動主義者支持的席位就可以證明這點。（本書作者勞倫斯・康寧漢曾兩次獲得這樣的職位。）私募基金的複雜安排更常取決於法律手段和權力變化，而不是信任。現在就先來討論巴菲特很反感的股東行動主義。

## 股東行動主義

1965年，35歲的內布拉斯加州人巴菲特執掌波克夏海瑟威公司，這是一家在新英格蘭瀕臨破產的紡織公司。當地媒體把他描繪成產業的局外人，以及接管公司的藝術家：這種公司清算者的面貌，啟發丹尼·狄維托（Danny DeVito）用來詮釋《搶錢世界》（*Other People's Money*）裡惡魔般的主角。

沒錯，巴菲特用很便宜的價格併購波克夏，與帳面價值2200萬美元、每股帳面價值19.24美元相比只是一小部分的錢，而且最終迫使工廠關閉。但是他一直大力反對敵意競標、大量融資、炒作資產，以及其他華爾街的傳統做法。

巴菲特發聲批評華爾街，因為他偏好現金，而非債務，偏好長期持有公司，而且替值得信任的經理人抵擋短期的財務壓力。他的演說聽起來更像是《搶錢世界》裡由葛雷哥萊・畢克（Gregory Peck）飾演、擁有高尚情操的企業堡壘捍衛者，而不是貪婪的使徒。

　　舉例來說，所羅門兄弟1991年發生債券交易醜聞後，巴菲特勉為其難擔任所羅門兄弟的臨時執行長，他在國會的著名演說給了旗下華爾街銀行家一個新的信條。本書的前言引用過這句話，不過這裡值得再提一次：「賠掉公司的錢我可以理解，但賠掉公司的聲譽我就會冷酷無情。」[1]

　　不過，儘管巴菲特持續批評華爾街，他還是華爾街重要的朋友。他擔任所羅門兄弟執行長期間，遵循波克夏在投資銀行的白馬護衛持股策略，這是設計來阻止敵意併購的做法。那時發生在1987年，當時所羅門兄弟最大的股東對於管理階層日漸失望，心血來潮要把12％的股權賣給羅納德・佩雷爾曼（Ronald Perelman），他是企業掠奪者，最近才掌控露華濃公司（Revlon）。所羅門兄弟的執行長約翰・古弗蘭害怕成為下一個被奪走的公

---

司，求助誓言會對管理階層忠誠的巴菲特，同時巴菲特還大量買下收益率達9%的可轉換優先股。

巴菲特提供長期資金而且不干涉使用方法的名聲可以回溯到1973年，當時波克夏累積很多華盛頓郵報公司的股份。巴菲特堅定支持公司的執行長凱薩琳・葛拉漢，她很快就要巴菲特加入董事會。1986年，當波克夏在大都會與美國廣播公司占有一定地位時，巴菲特進一步擴大對公司的信任，他提供經理人丹尼爾・伯克和湯瑪士・莫菲代理權，讓他們可以用自認為適合的方式使用波克夏的投票權。

在那個充滿敵意併購的時代，波克夏和巴菲特同樣支持冠軍國際公司（The Champion International Corporation）和吉列（Gillette）等受到襲擊公司的經理人。如前所述，波克夏打敗伊凡・伯斯基（Ivan Boesky）對史考特費策公司的收購突襲，以3.15億美元的價格買下這個集團企業，直到現在還是保有這家公司。

巴菲特優質股東的聲譽在這幾十年間持續得到回報。這種情況在2008年金融危機期間驚人的展現出來，當時幾乎沒有公司能提供資金，只有波克夏可以。巴菲特提供資金給幾家金融機構，這些金融機構提供給波克夏的條件都非常優惠。

2008年雷曼兄弟（Lehman Brothers）倒閉後25天內，波克夏投資156億美元在許多公司上，當時大多數美國的公司都急需貸款。舉例來說，波克夏以50億美元的價格買進高盛（Goldman Sachs）利率10％、贖回時溢價10％的特別股。波克夏也取得股票選擇權，可以用每股115美元的價格買進相同數量的高盛股票，這個價格低於125元的市價，物超所值。

2011年，在危機過去後，高盛買回特別股。波克夏獲得幾年的股利與股票回購的溢價，總計賺到18億美元。在2013年初期，波克夏行使選擇權，買進高盛普通股。波克夏沒有付出50億美元的現金（當時的市值是64億美元），就得到14億美元的價差。波克夏50億美元的投資總共得到的獲利是32億美元，在短短幾年就有64％的報酬，還得到高盛3％的普通股。

同時美國銀行（Bank of America）也持續面臨生存

危機，因此在2011年也向波克夏尋求50億美元的投資。波克夏得到利率6%、未來並以高於5%價格回購的特別股。此外，波克夏有權以每股7.14美元的價格買進7億股美國銀行的普通股（大約50億元）。在總投資金額不到120億美元的情況下，如今波克夏擁有9.5%的美國銀行股票，市值超過220億美元。

現在，巴菲特在職場上身兼數職，而且是個務實主義者，而不是像馬丁‧李普頓（Martin Lipton）*和卡爾‧伊坎（Carl Icahn）**是個純粹主義者。首先，他是股東，也是一家最大型上市公司的執行長，還擔任很多公司的董事，包括幾個股東行動主義者瞄準的公司。這些多樣化的角色與經驗勢必會產生細微但有衝突的立場。

巴菲特偏好的股東行動主義形式如果用更好的說法應該是「企業外交」（corporate diplomacy），這比較適合

---

* 美國著名併購案律師，發明毒藥丸策略（poison pill）來防禦敵意併購，做法是當收購方購買一定比例的股份時，公司可以讓股東用較低的價格買進公司大量股份，稀釋收購方的股權比重，藉此增加併購門檻。

** 美國億萬富豪，常收購價值被低估的公司股票，再入主公司的董事會推動改革，是著名的股東行動主義者。

他的個性。舉例來說，2014年，行動主義者大衛・溫特斯（David Winters）發起一場公開活動，質疑可口可樂公司高階經理人的薪資。他力勸當時擁有公司近180億股票市值的波克夏支持他。

不過，巴菲特私下找來執行長穆塔・肯特（Muhtar Kent），以及董事會成員霍華・巴菲特（Howard Buffett），在鎂光燈外解決爭議。2016年美國運通（American Express）又發生類似的事情，當時巴菲特拒絕行動主義者傑佛瑞・尤班（Jeffrey Ubben）要求改組管理階層與改變戰略的提議。巴菲特偏好直接與任職許久的執行長肯尼斯・錢納特（Kenneth Chenault）協商。

如果巴菲特的影響力不受重視，那麼他可能會遵循老式的華爾街規則把股票賣掉。舉例來說，波克夏在1986至1996年擁有大都會與美國廣播公司大量的股份，當迪士尼收購公司股票時，波克夏很快就賣掉迪士尼的股票。

然而，儘管這樣做顯然存在明顯的文化差異，但在執行長麥克・艾斯納的領導下，巴菲特並沒有公開批評公司的戰略或新領導階層。當忠誠的大股東威脅要撤資時，大多數經理人會做出回應，特別是波克夏賣掉股票的情況。

巴菲特最公開的股東行動主義是勉為其難的同意擔任所羅門兄弟的董事長，罷免並取代約翰‧古弗蘭。即使在那時，巴菲特也從不會對該受譴責的人指名道姓（請記住，在信任為主的模式下，要對人稱讚，對事批評）。

## 私募基金

波克夏的偏好與私募基金截然不同，私募基金一度被稱為融資併購（leveraged buyout）公司。在商業模式和理念上，私募基金或融資併購公司與波克夏海瑟威幾乎是光譜的兩個極端。

私募基金產業計畫買賣數千家美國公司，因此安排沉重的債務，從併購顧問服務工作中產生高額的費用，並從無數的顧問服務中取得額外收益。

　　私募基金的商業模式包括設立一系列獨立的基金，以大量貸款來買進、經營與銷售幾家個別的公司。一個典型的基金至少會有70％的債務。[2]

　　此外，幾乎所有股權都不是由私募基金持有（幾乎只持有1％或2％），而是由退休基金、大學校務基金、富有的家族、主權基金、銀行和保險公司等由中介機構協助進行私募的外部投資人所持有。[3]

　　從形式上來看，私募基金可以稱為合夥企業，私募基金公司是一般合夥人，而且這類的股權投資人是有限合夥人。不過這種態度是有層級的，一般合夥人在充滿利益衝突的環境裡擁有主導權。[4]

　　身為一般合夥人，私募基金比多元的中介機構更不像投資人。在傳統的安排下，私募基金公司會收取投資人2％的股權，稱為「管理費」，再從扣掉最低資本報酬率（一般是8％）的投資報酬中抽取20％的紅利，稱為「績效獎金」。

　　此外，私募基金公司也許會為了自身利益精心策畫，以各種活動收取大量費用，例如對收購公司的董事會提供服務、戰略顧問服務、物色高階經理人、併購指引與融資建議。

私募基金交易的持有時間與其說是長期的，還不如說更像是短期的，而且絕不會無限期持有。相對來說，買進公司與後續步驟的進行都會把重點放在以獲利最大和持有期間最短的情況下退場。如果沒有退場戰略，就不會買進。理想情況是以溢價公開上市，或是銷售給戰略買家或另一個金融買家。

與代表基金和買進公司的私募基金所進行的大多數活動一樣，公司收取的費用也會做出同樣的安排。當買進或賣出公司時，私募基金公司傾向採取正式的價值評估模型，像是收益倍數（earnings multiples），而不是用波克夏和其他長期投資人使用的傳統商業分析方法。[5]

經營上的改變通常是公司接管計畫的一部分。雖然私募基金操盤人也許會希望保留現任經理人，但是對於目標公司之所以處於困境的原因，往往會歸咎在經營不善，因此公司接管計畫還包括經營階層改組或替換。不管是哪種情況，私募基金公司的介入都很深，因為私募

基金公司會對經理人提供密切的指導，藉此執行計畫，
並進行縝密的監督。

　　降低成本往往是公司接管計畫的一部分，這意味著
私募基金公司不只會主導管理階層的改組，還會關廠、
裁員、削減研發費用、終止產品生產、削減退休金，以
及其他可以帶來短期收益的商業手術。長期經營的人並
不會專注在這些措施上。

　　金融工程是許多私募基金交易的核心，所有交易都
涉及大量且昂貴的中介機構。大家通常會輕蔑的稱呼為
「拆賣資產」（asset stripping），標準做法包括安排售後
回租（sale-leaseback arrangements），[6]以及股息資本重整
（dividend recapitalizations）[7*]。這些交易是由眾多在公司
和投資人之間的中介機構所設計與執行，包括一般合夥
人、租賃代理商、承租戶，以及其他眾多代理人，包括
會計師、銀行家和律師。每個人都因為提供服務而得到
報酬，其中得到最多報酬的是一般合夥人。在這個過程

---

\* 指借錢來付股息給投資人。

中，成本會由投資公司的其他成員負擔，包括員工、供應商，顧客、社區和債權人。[8]

因為私募基金公司更像是中介機構，而非投資人，因此它們偏好承擔的風險比投資人能夠容忍的風險更大。高槓桿操作很吸引人，因為提高股東權益報酬率帶來的報酬很可觀，而過多債務而導致破產所承受的痛苦很少。不論公司經營興旺還是衰敗，私募基金公司為自己賺到手續費，也為金融機構等其他中介機構產生出手續費與利息。

私募基金產業在大眾與政治領域產生相當大的影響力。一個例子是美國聯邦所得稅法。私募基金產業的績效獎金長期以來都是課徵資本利得的20％，而不是如一般所得稅高達兩倍的稅率。[9]這種做法從2018年稅法重大改革以來一直沒變。

私募基金公司也逃避許多金融公司受到的監督。它們面對的管制很少，而且透明度不高，因此很容易有系統性的檢測出定價能力。儘管批評人士大聲疾呼要變革，但這個產業很擅長走回頭路。[10]

# 與波克夏比較

　　波克夏和私募基金公司都是企業的買家，因此也是競爭對手。但是他們為企業賣家提供的提案大不相同。波克夏拿所有的資金下注，在沒有短期壓力的獨特企業文化中提供一個可以持續自給自足的地方。私募基金公司幾乎沒有投入資金，大多數都是貸款和引進多樣化有限合夥人的資金，而且提供一個經營與財務重組的計畫，給自己帶來快速而可觀的手續費，用來清償債務，並讓外部投資人得到報酬。

　　但是結果大不相同。儘管不是所有波克夏的公司都繁榮發展，但幾乎沒有公司被賣出。同樣的，私募基金公司的經驗有成功，也有失敗，但幾乎所有公司都會被賣掉。

　　除了要求手續費與報酬，私募基金公司還強調股東權益報酬率要高於職場的一切，包括對員工、退休人員、供應商和客戶的考量。雖然波克夏的模式也是以投資人優先（採納股東導向），但是長期關注在讓股東報酬與其他人的報酬達成一致。

假設勞力成本很高：如果解決問題的期限是兩年，那所有成本削減都必須在兩年內進行，包括必要的裁員或薪資凍結；但是如果前景不確定，則可以在10年內逐步削減成本，也許可以透過減少員額和縮減加薪幅度來完成。波克夏的方法並非全然無私，而是為股東創造高額和持續的長期報酬。[11] 波克夏的模式渴望創造雙贏。

當然，波克夏模式也有缺點。在缺乏大量的多方查證下，只靠自己的判斷來併購會帶來出錯的風險。沒有審查或監督子公司的經理人，讓經理人有自主權經營，有時證實也會出錯（這樣的考驗在第9章會有進一步說明）。

波克夏和私募基金公司的差別反映在根本的文化差異上。在私募基金模式中，沉重的債務水準與相關的限制性條款不只可以立即提高報酬，也可以「對管理階層強加……嚴格的紀律，迫使高階經理人不只持續降低成本，還會賣掉任何價格高於原來買進價值的業務。」[12]

波克夏的文化不需要這種外加的嚴格限制：信任是

固有的根本價值。它可以在沒有施加紀律的約束下使成本達到最小。出售企業的構想與波克夏期望永久持有企業的構想正好相反。相較於波克夏子公司普遍都擁有濃厚的企業文化，私募基金公司並沒有相同的企業文化。[13]

　　甚至從公司的意義來看，私募基金公司與波克夏也不相同。波克夏是一家由股東擁有的法人團體，包括無限期持有數百家還在經營的企業與其他投資。相對之下，私募基金公司是由一連串個別的有限合夥人所組成，這些人包括壽命很少超過10年的私募基金。不像集團企業會尋找想要擁有的企業來收購，私募基金公司想要盡快賣掉收購的企業來獲利了結。

# 與3G公司合作的特殊案例

　　儘管波克夏和私募基金產業間有著鮮明的對比，巴菲特還是和3G這家私募基金巨擘合作過幾次。這樣的關係引起波克夏股東的關注與質疑。3G是一家私募基金公司，和波克夏以各持有一半股權的方式合作收購亨氏公司，以及隨後的卡夫食品（Kraft）併購案。之後，卡夫亨氏公司也對聯合利華公司（Unilever）提出收購報價，之後又主動收回。它的每筆交易方式都與私募基金的手法相似，而有別於波克夏的傳統模式。

2013年，亨氏公司一開始拒絕3G公司的報價，直到它們把價格從每股70美元提高到72.5美元，並且做出一些承諾，保留亨氏公司在匹茲堡的總部與傳統之後，亨氏公司才接受交易。而亨氏公司在併入總部位於芝加哥的卡夫食品後，這些承諾證實頗為空洞（這一點在第4章有進一步討論）。當3G公司收購時，它的做法與波克夏的模式截然不同，它干預公司營運，而且精簡公司的規模。3G公司採用的方法是典型私募基金的手法，而不是消費者產品公司的核心做法。

巴菲特預期會遭受批評，因此在2013年給股東的信中提供一個簡短的說明：「雖然亨氏公司的併購案和『私募基金』的交易方式類似，但還是有一個重要的不同點，就是波克夏從未想過要出售這家公司的股份。」2014年，他移轉批評的焦點，表示做出精簡規模與裁員

決定的是3G公司，而不是波克夏：「我毫不尷尬的坦
承，亨氏公司（在3G公司領導下）的表現比由我掌控時
要更好。」

　　對部分批評者來說，這樣的解釋並不夠。他們的堅
持讓巴菲特在隔年給股東的信中做出進一步說明。巴菲
特在開場白中陳述波克夏與3G公司的共同點：「我們和
他們都有一種熱情，想要買進、建立和持有大型企業，
來滿足基本的需求與願望。」接著適度指出重點：「但
是我們採用不同的方法來追求目標。」文章雖然將兩者
採用的方式進行對比，但也強烈的捍衛3G公司採用的
方式：「讓他們取得非凡成就所採用的方法就是購買能
夠提供商機的公司，消除許多不必要的成本，然後（非
常迅速的）採取行動，並把事情做好。他們的行動大幅
提高生產力，這是過去240年美國經濟成長最重要的因
素。」

　　巴菲特接著繼續比較：

　　在波克夏，我們一樣渴望提高效率，並厭惡官僚主

義,然而,為了達成目標,我們採用的方式著重於**避免**成本膨脹,也就是收購的企業是由長期有成本意識並有效率的經理人所經營的企業。在收購之後,我們的角色只是創造一個環境,讓這些執行長(以及通常和他們志同道合的最終接班人)將經營效率與在工作中獲得的樂趣達到最大。在波克夏,我們會持續盡其所能(而且幾乎是你沒聽過的方式)以分權的方式經營,但我們也會尋求和豪爾森·保羅(Jorge Paulo)合作的機會。

3G公司的負責人豪爾森·保羅·李曼(Jorge Paulo Lemann)從1998年在吉列公司擔任董事開始,就是巴菲特長期的朋友與知己。巴菲特無疑對李曼非常信任,但即便如此,巴菲特還是再次重申波克夏的獨特性:

然而波克夏只會和採取友善方式併購的夥伴合作。可以肯定的是,某些敵意併購的提案也是合理的:有些執行長忘記自己應該要為股東工作,有些執行長則是能力不足。不論是哪一種情況，董事都有可能對問題視而不見，或是單純不願意改變。這時候當然就需要新面孔介入，但是我們會將這些「機會」留給別人，對波克夏來說，我們只會去歡迎我們的地方。

不過，在兩年後的2017年初，卡夫亨氏公司主動對聯合利華公司提出收購，這是一家總部位於阿姆斯特丹和倫敦的全球巨頭。當聯合利華迅速聲明不歡迎這項收購時，巴菲特就以持有大量、但仍占少數的股權介入董事會，讓卡夫亨氏公司收回這項提案。儘管很多人認為這是筆失敗的交易，但實際上巴菲特和波克夏的股東因此逃過一劫（第9章會繼續探討3G公司的案例）。

在近60年的時間裡，巴菲特和波克夏歷經艱辛萬苦才建立一個以信任為基礎的獨特商業模式：以握手來進行友好的交易、以委婉的方式解決董事會的爭議、赴湯蹈火的履行承諾，以及給予最能應對事業挑戰的經理人十足的尊重。股東行動主義和私募基金有他們的立場，

採取的方法也和波克夏的模式截然不同,而就如下一章
所述,波克夏模式的各方面都可以調整,不需要涵蓋所
有層面,但信任依然是最重要的基石。

第8章

# 類似企業的經驗

　　波克夏也許獨一無二，但是它的商業模式經常被
仿效。共享這個模式的做法和政策的公司也同樣值得信
任。這章要與這些公司進行比較，並進一步與私募基金
對比。

　　為了看一家公司比較接近波克夏的模式，還是比較
接近私募基金的模式，可以從兩個面向來比較：那就是
收購與經營。在收購上，主要的不同在槓桿操作、干預
程度，以及持有時間。波克夏偏好不承擔任何債務、對
收購公司的干預有限，以及永久的持有。相對來說，私
募基金會大量借錢、高度干預，而且會尋求盡早脫手。

至於經營上，私募基金會強力掌控公司，並進行
嚴格監督，而且希望可以把公司轉售出去；波克夏則是
高度分權，並讓公司自主管理，而且承諾會持續持有股
權。波克夏為了提高道德感，在提倡與保護聲譽上會嚴
格捍衛，這個抱負在私募基金通常並不被認為是高度優
先的選項。

　　許多董事和經理人在開發戰略時，會爭辯要採取的
政策應該就在這兩種模式的中間，有些人有意把波克夏
的模式和私募基金的模式視為兩個極端。這章會提供一
些最接近波克夏模式的公司案例。

## 保險業

　　保險業特別適合波克夏模式，畢竟，保險業是波
克夏的支柱。這個產業吸引技能嫻熟的資金管理者，他
們以長期思考，對他們來說，波克夏的模式天生就很適
合。首先，保險業是一個以信任為主的產業，投保人會
根據對保險公司的信任付出保費，相信他們在遙遠的未

來會履行承諾。

以馬克爾公司為例，這是一家跨國保險、再保險與各種非保險業務的控股公司。1930年成立，直到2000年代初湯姆・蓋諾（Tom Gayner）執掌公司前，一直是以家族企業的面貌呈現在世人面前。馬克爾公司有意識的採用波克夏的模式至少可以追溯到1985年。

除了重要的保險和再保險業務之外，這家公司還在很多產業找機會買進公司來經營，從製造烘焙設備到銷售裝飾用的室內盆栽。幾十年來，業績表現經常比同行和整個市場好。在公司網站上，最精采的部分是說明公司的原則：

> 馬克爾公司採取的經營方法一個是自發與靈活。這要求尊重權威，鄙棄官僚主義。在馬克爾公司，我們堅持讓每個人有權利展現出自己所做出最好的決定，提供一個讓每個人都能發揮潛力的氛圍。
>
> 　我們的公司在各自的產業都是領導廠商，我們的管理團隊在那些公司裡都是領導者。我們提供

信任邊際

公司治理與其他相關服務給我們的公司，但不會影響管理階層日常的營運。因此，我們的公司能夠專注在自己做得最好的地方。從在美國提供的健保方案、社會住宅或零售價格解決方案，到全世界的資本設備製造，我們的每家公司都致力讓客戶、員工與社區達到長期成功。

在2012年給股東的信中，馬克爾公司明確指出在公司裡信任扮演的角色：

對馬克爾公司來說，事情會進展得如此順利的一個關鍵原因是公司有個**充滿信任**的環境。我們很高興身為股東的各位委託資金給我們操作，並隨時間經過漸漸使各位投資的資金價值得以增加。各位給我們最大的自由，在沒有人為限制的情況下追求這個目標，而且隨著時間經過，我們也產生出色的業績表現來證明各位對我們的信任是正確的。

我們每天都在努力維持與建立對馬克爾公司的

信任，因為我們認為這會使我們的事業變得更好。
生活在這樣的環境裡，享受公司內部員工的相互信
任，以及對公司的信任，幾乎是件神奇的事。

或是以另一家值得信賴、成功的保險公司阿格
勒尼公司為例。阿格勒尼公司在1929年成立，擁有
並經營許多重要的保險公司，包括泛亞特蘭大控股公
司（Transatlantic Holdings），這是一家由美國國際集團
執行長退休的莫里斯·格林伯勒（Maurice R. ("Hank")
Greenberg）在1977年創立的公司，2012年被阿格勒尼公
司併購。

自從2004年由韋斯頓·希克斯（Weston Hicks）領導
之後，阿格勒尼公司在各產業也擁有自主經營的公司，
這些公司的業務包括玩具製造（例如粉紅豬小妹〔Peppa
Pig〕）、為大型工業計畫（從體育場到辦公大樓）製造鋼
材，以及生產殯葬產品。

在年報中，阿格勒尼公司附上一套簡短的經營原
則，類似波克夏的《股東手冊》，包含與波克夏模式類

似的主張。以下是一些精選原則：

阿格勒尼公司身為保險公司和再保險公司的擁有者，在很大程度上是個資產管理公司。就像一個封閉式基金一樣，公司保留大部分的獲利，並代表股東拿這些獲利進行再投資。

　　阿格勒尼資本公司（Alleghany Capital Corporation）是我們的投資子公司，主要業務是收購與監督可以持久經營的非金融企業。與私募基金不同的地方是，我們不會收購有意在未來賣掉的公司。相反的，我們相信當公司創辦人或其他擁有控制權的股東需要進行資本轉移時，我們可以提供一個穩定的股東結構。我們相信，我們的入主會使業主與經理人產生夥伴關係，這能讓公司成長，而且隨時間經過改善每家公司的業績表現。

　　我們監督經營業務的主要功能是提供戰略指導，設定風險參數，並確保對管理階層有適當的激勵措施。我們並不想要「經營」我們的子公司，那是子公司高階經理人要做的事。

最後一個例子是楓信金融控股公司，這是一家1985年以來由普雷姆·沃薩領導的多元化保險公司。這家公司在沃薩收購馬克爾公司在加拿大的卡車保險業務後成立，實際的獲利表現遠遠優於同業與整個市場。

在隨後的幾十年裡，沃薩讓公司穩健發展成保險公司巨擘，如今包含數十家獨立經營的大型保險公司，以及很多非保險事業，包括連鎖餐廳與零售商店，並大量投資在各式各樣的上市公司。公司的經營指導原則從早年開始就已經存在，從公司網站上可以看到其中包含下面的內容：

> 我們期望透過經營楓信公司與子公司，讓我們按市價計算的每股帳面價值每年（以15％至20％）複合成長，使顧客、員工、股東和我們所在的社區受益，必要時可以犧牲短期獲利。我們一直希望有穩健的資金，因此我們每年會提供股東完整的資訊。

除了業績預估、接班人計畫、收購、融資和由楓信公司或與楓信公司共同完成的投資之外，我們公司將權力下放，由各董事長來經營。投資一直都是根據長期價值導向的哲學來進行。鼓勵公司相互合作，使整體的楓信公司受益。

在楓信公司，母公司和子公司之間完全坦誠的溝通是基本要求。誠實和正直在我們的關係中是非常必要的事，而且永遠不能妥協。我們珍視忠誠度，包括對楓信公司與對公司同事的忠誠。

在2012年寫給楓信公司股東的信中，沃薩還強調信任在公司裡的核心作用：

楓信公司從「公平與友善的」文化中受惠很大，這是我們過去27年以來發展出的文化。我們小型控股公司團隊擁有高度的誠信、無我的團結合作精神，讓公司持續發展，進而保護公司避免受到預期外的下方風險影響，並在機會出現時好好把握。讓公司

團結在一起的因素是信任，以及專注在長期發展
上。從董事會、管理階層到所有員工，你都可以指
望他們做出正確的事，而且總是以長遠的眼光來看
待事情。

　因此，在楓信公司，你不會看到一家龐大的控
股公司來檢查我們的一舉一動，不會看到把公司賣
掉來讓短期獲利達到最大，不會看到管理階層取得
過多的紅利、不會看到大幅裁員、撤換管理階層，
或是推銷公司股票。我們的管理階層幾乎不會賣出
股票，而且很高興能共同合作。想要留下來的董事
長或執行長幾乎都不會離開。我們的董事長、執行
長，以及投資部門負責人平均在楓信公司工作13.5
年，這基本上是公司的優勢，也是我對公司未來前
景如此興奮的原因。

波克夏模式，或是說阿勒格尼、楓信或馬克爾模式
也被其他產業採用。就像下面會說明，這些案例的運作
其中有很大程度的信任，雖然每個案例的確切做法與執

行方式各不相同。

## 其他產業

伊利諾工具集團是一家總部在芝加哥的跨國製造公司，1912年由布萊恩‧史密斯（Byron L. Smith）創立。這家公司藉由內部產生的資金收購各種工業而成立。雖然逐漸成長壯大，而且也傾向中央集權，但是公司一直努力要維持子公司管理權的自主性。

從1970年代後期開始，管理階層最後將800個不同的事業分組成8個獨立部門。創辦人的兒子、1972至1981年擔任董事長的霍華‧史密斯（Howard Smith）解釋：「關鍵是要意識到，如果你有一個像我們一樣的組織，而且如果你想要讓很多有能力的人參與這些事業，你最好給他們看到，他們確實可以在這裡經營自己的事業。」[1]

在約翰‧尼可斯（John Nichols）1982至1995年擔任執行長期間，伊利諾工具集團的做法可說是公司的商業模式。他解釋：

> 我們設立獨立的部門，並藉著把決策權交給這些獨
> 立運作的部門來給予他們自主管理的權力。我在福
> 特汽車（Ford）和伊利諾工具集團工作時，學到**不
> 用**去做每件事。
>
> 　你會了解你無法做每件事，而且你必須讓夠好
> 的人去做，讓他們去做。突然之間，每個人都有機
> 會開發自己的產品，並建立自己的組織。

在尼可斯經營期間，伊利諾工具集團的成長來自每
年平均近30筆的併購，總計併購365筆。伊利諾工具集
團承諾給予自主管理的權力有個很實際的理由：任何經
理人都無法處理這麼多公司的監督工作。

伊利諾工具集團收購一家公司後，主要的改變是把
公司業務劃分成可管理的單位。同時集團的執行副總會
投資訓練計畫，讓一些人做好接任管理職務的準備。

伊利諾工具集團的高階經理人說道，他們面對最大

的困難與新事業的整合有關；整合後的事業單位經理人也說到同樣的事。就像一位集團董事長說：「一旦收購這家公司，困難的部分就是整合業務，並讓它們內化成像伊利諾工具集團。即使這是常識，而且很實用，但並不是每個人都做得到。有些人會比其他人更快做到。」[2]

尼可斯的接班人欣然接受大部分的模式，但是他們也試著藉由合併幾個事業單位來簡化管理，而不是持續切分更多事業單位。1995年至2005年擔任執行長的吉姆‧法洛（Jim Farrell）也進行更大、價格更高的收購。儘管有些改變，法洛還是堅持公司的核心理念：

> 我們認為有必要分拆公司。公司的規模愈大，就會變得愈官僚，發展愈慢，而且變得愈花錢。我們的事業單位有自己的經營、銷售、行銷和財務部門。公司的辦公室沒有傳統的職能部門負責人。各個經營部門可以快速將產品推向市場、快速解決問題，並抓住機會，而且與集中化經營相比，這樣做的成本更低。

　　儘管在後尼可斯時代伊利諾工具集團持續繁榮發展，但從沒有取得相同的成就。需要注意的事情很清楚：維持業務細分可能比業務整合更加有效。實際上，每個事業單位都是獨一無二，而且會根據個別的歷史與實務來發展，而且業務細分更有可能使這樣的獨特性創造最大的價值。

　　儘管有這些重點，伊利諾工具集團在當代反集團熱潮的股東行動主義中引起批評。為了回應來自理性投資人公司（Relational Investors LLC）行動主義者的施壓，在執行長史考特・桑提（Scott Santi）的領導下，公司任命其中一個提名人加入董事會，2012至2016年進行一項撤資（divestiture）*與合併計畫。

　　然而，在這段期間，桑提一再說明公司商業模式的長期核心要素，包括分權，以及各部門專注在經營效率與顧客為主的創新。桑提2014年的信簡潔的描述這個方法，並在之後的年報中重複說明，這包括幾個重點：

---

* 指將營運或事業部門分拆到公司之外，包括獨立成一家公司、賣給其他公司。

我們的分權與創業文化，讓我們能夠更快速、更專
注，以及更快做出反應。我們的員工很清楚我們的
商業模式、我們的策略與我們的價值觀對他們的期
待。在這個架構的範圍內，我們讓業務團隊做出決
策，並量身訂做自己的做法，以便使伊利諾工具集
團的商業模式對特定顧客與最終市場的重要性與影
響力達到最大。

在我們經營的每個市場中，我們的企業都努力
把自己定位為重要顧客「一定要找的」解決問題專
家。在公司成立一百多年以來，為顧客發明解決方
法，進而幫助他們解決困難的技術挑戰，或是改善
他們的業績表現，一直是伊利諾工具集團創新做法
的核心重點。

另一個與波克夏模式和伊利諾工具集團模式類似做
法的公司是馬蒙集團（第3章介紹過）。[3]傑伊‧普利茲
克和羅伯特‧普利茲克從1960年代開始透過併購與自然
發展的方式讓公司成長。普利茲克兄弟始終保留現有的

經營階層，並遵循不干涉政策，給經理人自主管理的權力來做出經營決策。他們建立一個擁有各種製造事業的工業集團，包括農業設備、服飾配件、汽車產品、電線電纜、配管、樂器、零售設備，並涉及採礦、金屬貿易等服務。

在整個1980年代和1990年代，儘管很多併購交易的規模不大，併購率卻很高：1998年有30起併購、1999年有35起併購，而2000年有20起併購。把這些公司同化並不是問題，因為這些公司是用分權的方式來經營。在傑伊去世、羅伯特退休之後，普立茲克家族引進伊利諾工具集團退休的約翰‧尼可斯加入。

尼可斯很快把馬蒙集團分成10個事業部門，每個部門配有一個董事長直接向他報告。這樣他就能監督這個龐大的組織，同時促使部門與產品的成長和收購。隨著公司持續成長，尼可斯藉由增加部門來進行調整。接著尼可斯把職權交給先前伊利諾工具集團的資深同事法蘭克‧普塔克，他的說明可以呼應伊利諾工具集團採取的做法。從2015至2017年馬蒙集團的年報中，普塔克在一個標註框裡就有下面這段話：

> 馬蒙集團的商業模式採用有效的80/20統計分析教
> 訓，這是一個全面、持續思考過程的一部分。關鍵
> 要素包括分權給小型、同質、細分的企業，在經營
> 效率與生產力上持續改良，（以及）選擇性的補強
> 型收購（bolt-on acquisitions）*來加強戰略發展方
> 向。

馬蒙集團的分權是嚴格按照80/20法則來進行。這個
構想過程是根據一項常見的統計分配：80％的結果是由
20％的投入所貢獻。舉例來說，馬蒙集團的高階經理人
發現，80％的銷售來自於20％的產品，而且80％的獲利
可以歸功於20％的顧客。

馬蒙集團擁有這樣的洞察力，就可以產生高度細分
的損益表，注意每個業務哪些特定部分對整體業績表現

---

* 指收購與公司業務互補的事業。

的貢獻是最大，還是最小。在這樣的專注下，經理人將時間與資源分配給可以帶來最多獲利的部門、產品與顧客。這個方法能夠讓公司精準定位在需要再投資來促進創新與成長的業務。

這個過程需要不斷大量細分業務與分權，進而讓產品有重大進展。最近的例子包括在地鐵系統與高樓能承受兩千度火燒兩小時的電纜；不需要用到明火，就可以經由按壓連接冷藏設備的銅製配件；不用塗油的「第五輪」（這是連接卡車和拖車的輪盤）；以及可以任意彎曲的延長線。馬蒙集團80/20的分權模式是一種利用規模特性的創新模式。

普塔克讓這個模式進一步精進，他設立三個自主管理的部門。每個部門的負責人負責監督3或4個事業單位，這些事業單位的負責人要向他們報告，而且每個部門的負責人會向普塔克報告，普塔克持續不停的將業務細分，最終形成4個自主管理的團隊、15個獨立的部門，以及200個事業單位（反映這些改變的組織圖可以在第3章看到）。

2008年，波克夏併購馬蒙集團。從那時起，馬蒙集團仍像往常一樣運作，就像是俄羅斯娃娃一樣，子公司與母公司有相同的看法。在波克夏內部，幾個成功的工業集團也遵循相似的組織原則，包括波克夏海瑟威能源公司、密鐵系統，以及史考特費策公司。這些例子都說明波克夏反趨勢的實務做法。

近年來，這種工業集團瀕臨倒閉，像西灣工業（Gulf & Western Industries）*、ITT公 司（ITT Corporation）**和德事隆（Textron）***等公司的名字早已不復記憶。專注在企業上的需求如此強烈，甚至吸引多角化發展但與舊集團企業相去甚遠的公司。舉例來說包括杜邦公司（DuPont），先是被迫與陶氏化學（Dow

---

*　西灣工業從20世紀初開始發展，是金融服務、製造、服飾、汽車零組件、農業、天然資源等多個產業的集團企業，後來在1989年停業。

**　原來的公司名稱叫國際電話與電報公司（International Telephone & Telegraph），極盛時期曾收購超過350家公司，經營業務橫跨旅館、保險、汽車租賃、烘焙等多項產業。後來陸續賣出業務，並分割成三家獨立企業。

***　原為紡織公司，後來涉入工業、航空、國防、藥品、男鞋、高爾夫球車等產業，現在是美國500大企業之一。

Chemical）合併，然後分拆成三個公司；還有聯合科技公司（United Technologies），先是與柯林斯公司（Collins）合併，然後在與雷神公司（Raytheon）合併前分拆成開立空調（Carrier air conditioning）和奧的斯電梯（Otis elevator）兩個事業單位。

　　儘管面臨龐大的壓力，但在現今多角化經營的企業，像是丹納赫公司、多佛公司（Dover）、羅佩科技公司（Roper Technologies）和TransDigm集團（TransDigm Group），這些原則（尤其是自主管理和分權）往往延續很久。這些公司使用略微不同的方法來進行管理，並證明這些原則確實可行，而且有些公司使用的經營方法與波克夏更加接近。

　　以丹納赫公司為例，這是一家橫跨幾個產業與多個平台的集團企業。1983年，米契爾・瑞爾斯（Mitchell Rales）史蒂芬・瑞爾斯（Steven Rales）兩兄弟創立丹納赫公司，儘管他們很早就退出管理階層，但仍持有大量的股份。在丹納赫集團，瑞爾斯兄弟建立一個與波克夏相似但卻不同的商業模式。

在連續三位世界級的執行長領導下，這個所謂的丹尼赫商業體系（Danaher Business System）持續不斷精進。他們建立一個強大的工業集團，並一路將幾個部門分拆成獨立的企業，這些企業靠著自己的努力發展成很大的規模。

丹納赫公司至少在三個關鍵方法上與波克夏相似：它是一個以收購為主、自主管理、分權的組織。而至少有兩個主要的方法不同：丹納赫公司使用一套全公司適用的嚴格體系，用來管理人員的招募與訓練，這是圍繞著一套強調每個步驟都精實生產的基本經營原則。

除了這些差異，信任仍然是丹納赫商業體系最重要的要素，它的特徵在於有助於這類訓練與最佳實務計畫發揮作用。想要一窺公司文化與公開紀錄，可以先從1990至2001年擔任丹納赫公司執行長的喬治·謝爾曼（George Sherman）開始：

當我11年前加入丹納赫公司時，銷售金額總計還不到7.5億美元，而且這家公司銷售各種零散的產品。接下來10年，我們讓丹納赫公司發展成一個跨國公司，在產值數十億美元的高成長市場處於領先地位。在過去10年中，我們的銷售金額與每股盈餘每年的複合成長率分別是15％與21％。丹納赫公司的股價在過去10年以33％的年複合成長率拉高。當我們圍繞我們強大的系統（丹納赫商業體系），開發更穩健的產品組合與明確說明的經營理念與文化時，我們還讓組織能力得以增強。

謝爾曼的接班人是他在丹納赫公司雇用的第一批高階經理人：小勞倫斯‧卡普（H. Lawrence Culp, Jr.）。卡普在丹納赫10多年的任期讓人印象深刻，後來到了2018年被指名去領導陷入困境的奇異公司（General Electric）。2002年，他發表的第一份丹納赫年報中詳細說明公司歷史：

在1980年代中期，面對日益激烈的競爭，丹納赫公司的一個部門根據當時精實生產的原則開始一套改進計畫。這個提議出人意料的成功，鞏固這個部門在產業的領導地位，並催生丹納赫商業體系。從這個小幅改進計畫開始，丹納赫商業體系已經從一連串製造改進工具演變成一種哲學、一套價值觀與一系列管理流程，共同定義我們是誰，以及我們該如何做自己的工作。

就拿星座軟體公司當作近代最後一個例子（勞倫斯·康寧漢是星座軟體公司的董事）。星座軟體公司在全世界收購垂直市場的軟體公司，並進行改造與經營。現在有超過300個獨立的事業單位，每個事業單位都在高度分權的架構下自主經營。使公司文化凝聚在一起的是信任。在2011年給星座軟體公司股東的信中，執行長馬克·李奧納德（Mark Leonard）解釋：

長期的理念需要公司與參與者之間有高度信任。我們相信經理人與員工，因此試著盡可能降低對他們造成阻礙的官僚主義。我們鼓勵經理人提出計畫，在我們的產業裡，通常需要5至10年才會產生回報。我們很樂意提供資金給他們，買下不會馬上增值、但有潛力為星座軟體公司帶來長期銷售獨占權的企業。

我們幾乎都是從企業內部拔擢人才，因為相互信任與忠誠需要花幾年的時間來建立，而且反過來看，新雇用聰明和／或有控制欲、唯利是圖的人，可能需要花幾年的時間來確認是否合適這份工作。我們鼓勵經理人和員工持有公司股票（信託3-5年），這樣他們就會和股東在經濟利益上保持一致。我們需要與想要的回報是擁有忠誠的員工：如果他們沒有大約5年的計畫，他們就不會在意多年計畫所產生的結果，那麼他們肯定不會為了長期獲利而放棄短期的紅利。

就跟波克夏一樣，在星座軟體公司，公司架構是顯著的組織樣貌特徵。但是在這兩個案例中，公司架構都不是公司成功的原因，導致公司成功的真正原因是擁有信任的文化。當經理人鼓勵員工生產、創新並有超水準的表現時,他們往往會抓住機會。當信任在企業組織中成為核心時,自然會產生分權與自主管理的結果,成功也會隨之而來。

因此,有趣的是,當2015年Google創辦人創立一個新的控股公司架構,稱為字母控股公司時,不只容納傳統的網路搜尋事業,還在分權的架構下容納其他26個自主經營的獨立事業單位。這個舉動讓大家猜測字母控股公司想要成為21世紀的波克夏。我們分享他們這麼做的熱情。[4]但是我們要強調,只是憑著組織架構的優勢並不會發生這種情況,只有將這個組織架構鑲入信任的文化,才有可能成功。

## 信任是核心

近年來,商業人士愈來愈夢想以波克夏的樣貌來創立公司,就像大家都知道各文學流派都渴望寫出偉大的美國小說一樣。如果公司處於小規模的狀態,這是可以達成的目標，但這並不是公式。

　　波克夏商業模式的一個關鍵教訓是信任邊際。支持這套模式的人大多數都抱持適當的懷疑態度，尤其是金融中介機構，因此他們尋找值得信任的專業經理人與合夥人。他們因為信守承諾，同樣贏得股東和員工的信任。

　　不管是分權，還是自主管理，都不是波克夏成功或持久不墜的主要原因，主要原因還是信任。自主管理是信任的體現，分權則是產生的結果。這個模式的運作依據的是價值觀，而不是公式。

第四部

# 挑戰

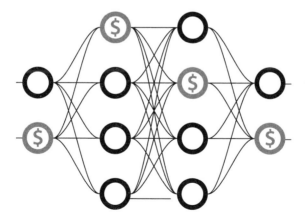

第9章

# 決策問題

　　一個以信任為主的組織會面臨兩個主要的問題。第
一個問題是資深經理人濫用這樣的信任。第二個問題則
牽涉到即興收購等狀況時由自己做決策所產生的問題。
雖然這些挑戰真實存在，但是波克夏一般都有辦法克
服。在過去60年間，許多收購案與高階經理人的任命
中，集團只出現幾個決策錯誤的案例。

## 併購決策錯誤

　　幾十年來，在有限的調查與沒有監督的情況下，巴

菲特在波克夏一直以家長的姿態操控整個集團，特別是在收購和投資決策上。與大多數規模較大的上市公司不同，波克夏並不仰賴董事會或資深的高階經理人來批准收購案，而且也不會使用外部顧問來審查交易。

巴菲特向董事會解釋他一般奉行的投資哲學，但是很少尋求批准：他往往會徵詢蒙格的意見，最近則是徵詢葛瑞格‧阿貝爾與阿吉特‧賈因，但是他並不是一定要這樣做，而且也不會一直聽取他們的建議。波克夏很少使用經紀人或投資銀行家來確認收購的目標，而是仰賴非正式的朋友與商業夥伴人脈。他得到的大多數建議都還不錯，但並非全都如此，還是會帶來一些犯錯的代價。

波克夏最不尋常的收購發生在2001年。巴菲特的朋友、著名的老虎管理公司（Tiger Management）創辦人（創辦老虎基金）朱利安‧羅伯森（Julian Robertson）告訴巴菲特，他有意要賣出拖車出租公司XTRA大量的股份。

巴菲特提出更多要求，跟XTRA董事會提議要向股東公開收購全部的股票，得到認可之後，巴菲特很快就完成收購了。與波克夏收購公司後一般會留下管理階層與經營模式的做法相反，3年內XTRA的執行長就被換掉、總部搬遷，而且公司大部分的資產都被賣掉。

　　雖然這種大幅改變在很多公司收購中是很常見的部分，但波克夏通常會避免這樣做。波克夏喜歡收購經營良好的公司，而不是需要整頓的公司。波克夏在收購的公司上花這麼大的力氣並不尋常，但是波克夏有時會偶然買下需要這樣大幅改革、面臨困境的公司。這是波克夏收購流程非正式化的副產品，尤其是自發的根據朋友的建議採取行動，而且進行的盡職調查不多的時候。

　　收購XTRA最後還有獲利，但另一個不尋常的收購交易卻帶來糟糕的財務表現，那是波克夏在1993年收購的德克斯特鞋業。波克夏以價值4億4300萬美元的波克夏股票買下這家在新英格蘭地區奄奄一息的鞋業公司。這家公司原本是個印鈔機，每年在當地工廠生產數百萬雙鞋子。當時德克斯特鞋業依舊在美國生產，付出比競爭對手更高的薪資，而且在品質和款式上贏過其他低薪國家進口的鞋子。

　　儘管有這些正面特質，德克斯特鞋業還是隱含很大的負面因素：在美國的製造成本是中國的10倍。最終，競爭對手可以生產和德克斯特一樣好的鞋子，但製造成本只有十分之一。到了2007年波克夏關閉公司時，巴菲特承認併購德克斯特鞋業是他做過最糟糕的交易，付出的代價是放棄波克夏的股票價值，2020年這些股票的價值超過80億美元。這顯示出另一項教訓：使用像波克夏這樣的高品質股票併購企業有風險。

　　波克夏董事會或任何內部圈子並沒有提出意見，都是巴菲特自己犯下的錯。即使是最偉大的投資人與決策者都會犯下代價高昂的錯誤。巴菲特當然知道這點，這就是為什麼他經常與蒙格一起審查投資提案。雖然巴菲特很看重蒙格否決交易的建議（這讓蒙格贏得「愛說不的討厭鬼」〔Abominable No Man〕的稱號），巴菲特並沒有全都聽他的話，1999年錯誤的收購通用再保險公司甚至帶來更高的代價，就可以證明這點。

　　波克夏以價值220億美元的波克夏股票收購通用再

保險公司（在收購德克斯特鞋業得到避免用股票收購公司的教訓直到2007年才顯現）。巴菲特和蒙格知道通用再保險這家大型再保險公司還維持大量的衍生性商品業務，這帶來相當大的風險。

蒙格建議不要收購，但是巴菲特認為經理人會在收購交易完成後很快結束那個部門。不過，巴菲特併購通用再保險公司之後，經理人並沒有這樣做，與巴菲特不干涉公司經營的做法一樣，他並沒有督促他們這樣做（這種不情願的情況凸顯出XTRA在收購後更換管理階層是多麼不尋常）。

除了衍生性業務的明顯問題之外，更難解決的挑戰也困擾通用再保險公司的經營。巴菲特與通用再保險公司執行長羅納德・弗格森（Ronald Ferguson）是多年熟識的朋友，而且他高度看重這段關係與弗格森的經驗。然而不論是巴菲特還是弗格森都不知道，通用再保險公司的承銷紀律與準備金都已經在減少。

通用再保險公司的準備金無法涵蓋它承擔的風險，這在後來轉變成低價保單。承銷商也追求原本應該拒絕的業務，讓承擔的風險過度集中。1999至2001年，通用再保險公司的承保虧損增加到61億美元。撤出衍生性商品交易昂貴又曠日廢時，使得巴菲特擔憂很多年。

蒙格不僅有影響力，有時還會否決交易，但是在巴菲特無論如何都希望繼續交易時會表示尊重。2007年，巴菲特透過槓桿交易，以20億美元收購德州電力公司的債券。這家公司很快在金融危機時破產，使波克夏損失大約10億美元。諷刺的是，這筆交易是由私募公司KKR（前身是Kohlberg Kravis Roberts）所安排，是當時最大（440億美元）、也最糟糕的一項交易。[1]

在2013年給股東的信中，巴菲特寫道：「下一次我會打電話給查理（蒙格）。」儘管大多數企業都會設置投資委員會，即使規模只有波克夏一小部分的公司也是如此。公司的投資委員會會限制資金配置在投機的資產，像這樣的交易凸顯出只有一人的投資委員會要付出的代價。

最後一個例子與3G有關，而且還與巴菲特對委託人豪爾森‧保羅‧李曼的信任有關。就像第4章和第7

章提到，波克夏與私募基金合夥（在2013年併購亨氏公司），並在2015年把亨氏公司跟卡夫食品合併），波克夏得到卡夫亨氏公司27％的股權。遺憾的是，3G專注在成本削減的商業策略讓公司陷入困境。在2018年後期，這家公司因為某些商業慣例被美國證券交易委員會（Securities and Exchange Commission, SEC）發出傳票。[2]

巴菲特了解這個商業模式的吸引力與局限，而且似乎相信其他人也能夠跟他一樣執行得很好。相反的，波克夏的接班人計畫設想將執行長、投資長與董事長等管理階層的角色分開來。因此，波克夏的接班人計畫設想對巴菲特的接班人進行更嚴格的約束（第12章會進一步討論接班人的問題）。

對其他公司來說，選擇採用波克夏的商業模式之前，堅持以核心競爭力為基礎、有能力的決策者與可靠業績表現似乎更為重要。至少，公司應該要擁抱巴菲特和波克夏的能力圈原理，定義出跨職能的工作，包括產業與企業、商業模式，以及經理人與合作夥伴等負責扮演多種角色的人。

波克夏偏好付現金買進公司,而不是用股票買進,
對於這個模式也很有幫助。但是和大多數解決方案一
樣,這種做法本身也存在一些小問題。瞄準公開上市的
家族企業進行併購下,波克夏的損失會最為嚴重。家族
企業之所以吸引波克夏,是因為他們往往會帶來一種遺
產與永久存在的感覺,這是波克夏商業模式最為凸顯的
特色。

　　很多家族企業珍惜波克夏對於公司自主管理與永久
存在的承諾,因此往往會以低於競爭對手出價或低於實
質價值的價格賣給波克夏。對於只由關係緊密的團體持
有,而且希望賣給波克夏的家族企業而言,波克夏這種
以折扣價付現金的偏好並沒有什麼問題。

　　但是對上市的家族企業來說,問題就出現了。當這
類公司的董事出售公司控制權的時候,他們有義務為股
東創造最大的價值。[3]在由所有股東分享未來企業價值的
股票交易下,這些股東在評估交易時可能會考量波克夏
的特殊文化。[4]

　　但是有了現金,這些未來價值都會流向波克夏的股

東,而不是目標收購公司的散戶股東。家族成員珍惜出
售公司給波克夏得到的自主管理權與永久性,但散戶股
東並無法從這樣的價值中得到任何好處。因此,目標收
購企業的董事會會抵制全用現金折價收購的做法。他們
會以更高的價格尋求有意收購的競爭者,甚至以拍賣的
方式拉抬價格,抵制避免拍賣競標的波克夏。

舉波克夏2003年收購克萊頓房屋為例。這是一家公
開上市的家族企業,收購價格略高於股價(高出7%)。
不過幾個克萊頓房屋的股東反對:一個是柏龍資產管理
公司(Cerberus Capital Management),它告訴克萊頓房
屋它希望有機會參與競標;另外也有股東對公司提起訴
訟。[5]結果是使股東投票表決延後6個月,後來勉強才通
過由波克夏併購的決議。

有些克萊頓房屋的股東很失望,但是柏龍資產管理
公司選擇不與波克夏競價,而且法院駁回訴訟。不過,
在考量訴訟、交易延遲與競爭對手競標等風險下,這個
情況對波克夏仍然沒有吸引力。為求謹慎,法院也許會
要求目標收購公司的董事對競標企業採取平等措施。拍

賣的風險足以阻止波克夏參與競標。結果是：上市的家族企業不在波克夏的收購模式之列，本來這是最好的收購標的，但還要考量機會成本的問題。

## 過度信任高階經理人

當資深的高階經理人在陷入沸沸揚揚的困局之後離職時，對波克夏以信任為基礎的架構帶來的挑戰最為嚴峻。巴菲特在收購公司時會密切關注經理人的身分，然後仰賴這樣的經理人任命接班人。同時並沒有設置中階管理階層，因此按照現代管理學的說法，一個人會直接面對80個部屬。主要的代價在於，在可能有危機的情況下，會錯誤的留住或放走資深高階經理人。

波克夏的子公司利捷航空出現一連串高階經理人離職的情況，這顯然是個危機，其中涉及兩個在巴菲特接班人名單上的人選：理查德・桑圖利和大衛・索克爾。由桑圖利創立並領導至2009年的利捷航空是一個產業競爭激烈且資本密集的事業，員工大多加入公司工會。桑圖利的經營方式是將私人飛機的部分權益出售給菁英人士,把這個事業視為一個奢侈品品牌。

但是公司陷入生存危機,而且在2008年金融危機後陷入財務困境,這時巴菲特做出改變。為什麼他會這樣做,依然是個謎團,而且肯定是個反常的做法,因為巴菲特很少批評經理人,尤其是批評像桑圖利這樣的公司創辦人。

巴菲特任命索克爾擔任利捷航空的新任執行長,索克爾認為利捷航空規模太大,因此很快的削減成本。工會員工非常憤怒,危機感很快就席捲整個公司。為什麼巴菲特會選擇索克爾來經營利捷航空也很讓人好奇。索克爾經營波克夏海瑟威的能源事業(後來稱為中美能源公司),而且在佳斯邁威(Johns Manville)擔任董事長,改造公司。

巴菲特幾乎從沒有把波克夏旗下公司的執行長調派到另一家公司,由同一位執行長經營兩家波克夏的公司史無前例。但是巴菲特變得非常信任索克爾,他是由巴菲特最親密的心腹朋友小瓦特・史考特引介。小瓦特・

史考特是巴菲特在奧馬哈的朋友,而且是波克夏的董事。但是巴菲特相信不對的人。2011年,索克爾辭去波克夏所有職務,因為他推薦給巴菲特一家上市公司讓波克夏併購,卻在併購前買進那家公司的股票。

在利捷航空,索克爾的接班人是喬登‧韓塞爾(Jordan Hansell)。索克爾從波克夏的能源事業招募韓塞爾,韓塞爾在那裡擔任總顧問。利捷航空的機師很喜歡桑圖利,他的離開讓他們很失望。他們反對索克爾與韓塞爾,尤其是反對他們削減成本的策略。

在桑圖利離開之後,勞資關係惡化,而且在2013至2014年期間,機師公會透過網路、《華爾街日報》和《奧馬哈世界先驅報》(Omaha World-Herald)對韓塞爾發動激烈的抗議活動。機師在2014年和2015年波克夏股東會場外發起罷工示威。2015年初,在動盪不斷的情況下,韓塞爾辭職,而兩位離開利捷航空、桑圖利時期的資深高階經理人在那年回來領導公司。

在這些情況下,很容易推斷波克夏收購利捷航空是錯誤的決策。由於只有單一的決策者,或許這屬於上一節提到的收購陷入困境的公司。但是這也可以說明在波克夏缺少高階經理人招募、審查、晉升或培訓的正式計畫。索克爾沒有半點航空業的經驗，也沒有消費者關係或公會關係等許多領導利捷航空的相關經驗。索克爾選擇能源公司的年輕律師韓塞爾當接班人，韓塞爾同樣明顯缺乏相關的資歷或經驗。

利捷航空的高階經理人改組與波克夏的子公司班傑明摩爾油漆公司的一連串改組很相似。就像第4章提到，波克夏在2000年併購公司時，巴菲特承諾要持續長期以來的做法，只透過獨立的經銷商銷售商品，而不是透過家得寶（Home Depot）、勞氏公司（Lowe's）等強勢的大型連鎖商店來銷售。到了2012年，在執掌公司5年後，丹尼斯·艾布蘭（Denis Abrams）因為計畫透過這樣的零售商銷售油漆而被趕下台。為了尋找替代人選，巴菲特求助新雇用的儲備幹部、28歲的崔西·布里特·庫爾（Tracy Britt Cool）。

結果是剛取得哈佛大學企管碩士的羅伯特·梅里特（Robert Merritt）被任命為執行長，但兩年不到，由於大型零售商持續的施壓,梅里特也遭遇同樣的命運。在古老的油漆公司引發新的沙文主義文化的批評同時,他辭職了。這兩段插曲都圍繞著危機的氛圍。經銷商和其他成員抱怨公司的衰敗。如此出色的公司怎麼可能會做出這麼糊塗的嘗試。

班傑明摩爾公司的執行長離職顯示出波克夏模式在監督執行成效上的挑戰出現兩種變化。第一個問題關係到巴菲特最初承諾要維持班傑明摩爾公司舊式經銷權的智慧。兩個接班的執行長直覺認定,在現代的經銷管道下,很難用獨家銷售油漆的方式經銷。然而,他們全被巴菲特個人許下的承諾所約束。

班傑明摩爾公司挑戰的第二個變化與波克夏如何選擇高階經理人有關。儘管巴菲特委託經理人搜尋適合的人選,找到梅里特,但是執行這項權力的人只是波克夏年輕的新人,而且庫爾是從自己的專業社交圈中找到梅里特,而不是在全美國蒐尋合適的人選。

從人脈網絡找人的方法與波克夏的模式一致,在桑圖利的公司聘請韓塞爾與巴菲特聘請其他執行長都可以看到。但是與招募、審查、晉升高階經理人的正式計畫相比，這種做法存在風險，因此帶來挑戰。

要減緩這種管理高層接班危機的風險，可以適度讓公司的官僚體系擴大（像是詢問董事會成員對於高階經理人的決定有什麼意見），或是針對信任為主的文化做出細微的調整（例如進行背景調查，或是增加定期的審核和評估）。

2010年代初期，波克夏開始朝這個方向轉變，每年定期舉辦子公司的執行長會議，有時還會在巴菲特不在的情況下加入董事會議程。舉行更多正式而頻繁的會議，而且很有可能成為正式的規定。這種漸進式的轉變可以維持以信任為主的波克夏模式繁榮發展，同時防止這種方法產生的錯誤。

儘管如此，過去的成績依然強烈支持波克夏的商業模式。這裡按照時間列出的每個挑戰都很重要，也許還提供一些教訓。但是將這60年來的成績單和數百個這樣的決策整合起來看，與公司的成就相比還是相形見絀。

第10章

# 輿論質疑

　　當波克夏的經營跌跌撞撞，或是被認為跌跌撞撞的時候，都會引來很大的關注。會產生這種情況有兩個原因，這個原因對任何以信任為基礎的大型企業都會帶來挑戰。

　　首先，大家會懷疑公司，尤其是懷疑大公司。即使是像波克夏這種分權的組織，大家也會抱持懷疑的態度，即便這些公司比較像是把一些較小的企業集合在一起，而不是單一龐大的企業。

　　其次，政策專家讚揚控制與層級分明的公司，而不是以信任為主的公司，因此當波克夏這種以信任為主的組織遭遇困境時,批評者就會猛烈抨擊。

這些質疑的聲浪對結構精簡的大公司帶來挑戰。他們也許很少投資在美國公司常見的傳統公共關係活動上。適度的人員配置也許就足以應付偶爾產生的挑戰。

此外,在這種分權的公司架構裡,經常面對風險的事業單位可能會提供更多專職的公共關係人員。在波克夏內部,有些例子可以說明這種公司架構,主要涉及的產業包括保險業、金融業和能源業。

## 保險業

2013年,一篇毫無根據的報導攻擊波克夏從保險浮存金中產生大量可以投資的資金的做法。這是指從保單的保費中產生的資金,不像保險公司要在以後才付出保險理賠金,投保人要先付清保費。巴菲特經常吹噓波克夏可以使用這樣的資金槓桿操作。

一個記者反過來解讀波克夏的這項策略。他把波克夏的方法視為是給保險業務員一項不正當的激勵措施,竭盡所能的延遲或避免支付合法的保險理賠，這樣他們就可以持有浮存金更久。這個記者甚至聲稱這些員工是出於惡意做出這樣的行為。

斯克里普斯研究所（Scripps）的馬克‧格林布拉特（Mark Greenblatt）表示，這次的報導關注的是國家賠償公司的特殊業務，報導回溯石棉症（long-tail asbestos）責任險的再保險保單和環境風險，從數千個簽署的保單中得到十幾個例證。這些例證涉及投保人、被告公司、原來的保險公司與波克夏公司之間的法律糾紛。

這篇文章讓人關注的是針對延誤付款或拒絕付款提起的訴訟，包括投保人在原始保單下對分保人提起訴訟，或指控國家賠償公司對這些保單進行不當干預（「侵害契約關係」）。[1]這篇報導引用原告、原告律師與保險業高階經理人的惡意指控，將這個問題歸咎於波克夏的浮存金哲學。

格林布拉特向波克夏和國家賠償公司徵詢意見，但沒有人接受採訪，而且在時間限制下，他們也無法回答他以書面提問的所有問題。在報導刊登幾天之後，波克夏發了一封電子郵件給格林布拉特，解釋報導中提到多項不正確的地方，但是不久之後，斯克里普斯研究所就寫電子郵件給波克夏表明它的立場。[2]兩周之後，波克夏公開反駁，並堅持那篇報導「偏頗、缺乏專業」。

　　舉例來說，那篇文章錯誤的提到，當公司為石棉症案件辯護時，波克夏已經掌控整個情況；藉著專注在原告要求全部的賠償，而非在眾多被告中，波克夏應該負擔部分的賠償責任，錯誤的暗示波克夏不合理的抗拒和解條件；而且讚揚某家保險公司高階經理人的評論，卻沒有意識到那個人與波克夏有糾紛，可能有偏見。[3]

　　儘管波克夏提出反駁，但是這樣的指控仍在輿論中引發共鳴。公司的名聲受到影響。而且斯克里普斯研究所的報導還在持續發酵。2014年1月，高蓋茨法律事務所（K&L Gates）的律師在美國律師基金（American Bar Foundation）的一場演講中檢核這個案件。[4]如果波克夏有更傳統的公關部門來回應這樣的指控，波克夏不見得會做得更好，畢竟其它保險公司儘管有這樣傳統的公關部門，像是美國國際集團，也被大眾指控太慢付出理賠金，或是沒付理賠金，表現也沒很好。[5]

　　更重要的是，波克夏的作為就像小公司一樣，它的分權結構使人有這種感覺，而且這種結構是以信任為主的文化來維持。但是對外人來說，不論政治反對者或是一般大眾，它都是超大的公司。經理人必須找出評估的方法，從應對偶發但大規模的攻擊，以及雇用過多的員工來抵禦這些攻擊中做出取捨。

## 金融業

　　波克夏和幾個子公司是很好的政治攻擊目標。以2015年針對克萊頓房屋、建造商與活動組合屋（manufactured housing）的融資商發起的示威抗議為例。[6]在公共誠信中心（the Center for Public Integrity）*這個政治性社運團體資助的報導下，《西雅圖時報》（_Seattle Times_）的丹尼爾・華格納（Daniel Wagner）和麥克・貝可（Mike Baker）

---

* 美國最大的非營利新聞調查中心之一，並得過普立茲獎。

控訴克萊頓房屋的銷售團隊介紹給買家可疑的房貸公司。他們宣稱消費者能得到的融資選項很少，甚至不會有其他選項。融資條件很誘人（包括要求的首付金額很低）、違約和抵押品沒收的機率很高，而且催收的做法過於積極。[7]

克萊頓房屋很快就做出回應，反駁報導中每個負面的指控。[8]它強調保護客戶的政策，同時承認如同作者的描述，在少數情況下，生活有困難的客戶很難償還貸款，而且會面對抵押品的贖回權被取消的情況。對此，報導的作者也逐條做出反駁。[9]5週之後，在波克夏的年度股東會上，巴菲特也否認這篇報導的指控，而報導的其中一個作者則繼續抱持質疑的態度回應。[10]

這篇報導背後真正的原因後來比一開始更具政治性。在報導發表的時候，國會已經開始討論適用活動組合屋貸款的法案。在2008年金融危機之後，「陶德‧法蘭克法案」針對這類高利率貸款加入告知與期限要求的條款，國會一直考慮要廢除這個條款，因為這項條款很麻煩又昂貴。

　　克萊頓房屋和其他的產業領導人都支持廢除這項
條款，而一些屋主和消費者保護團體則反對。一方面，
活動組合屋同業公會強調低收入族群在不受管制上獲得
這些房屋的重要性，而消費者保護團體則督促要進行管
制，保護無家可歸的人付出高額的房貸。[11]

　　儘管最初的報導沒有提到這些重點，但是兩位記
者在5月中的報導加入這個論點：把原來的主張與克萊
頓房屋在政治辯護上的動機連結起來，並表明他們反對
的立場。因此，最後很顯然作者寫出一篇政治倡議的文
章，而不是調查新聞，而且別有用心的針對克萊頓房
屋，而不是針對事實發表中立的報導。值得一提的是，
其中一個記者華格納在這個法案上有利益衝突而沒有披
露，那就是他的姐姐是代表原告對克萊頓房屋提起訴訟
的律師。[12]

　　就像揭露國家賠償公司的報導一樣，這篇報導顯
示，大型組織下的小部門所面臨的挑戰：要利用過多的
公關人員來應付每個挑戰，或是根據需求控制這些資
源。在波克夏，要在結合母公司的保護，來解決定期的

媒體或政治危機,以及按照需求在子公司配置媒體資源,從中取得平衡。在其他子公司中,面對不斷發生的政治鬥爭,就必須要有很多公關人員,例如接下來討論的波克夏海瑟威能源公司。

## 能源業

波克夏海瑟威能源公司擁有很多公關與政策遊說專家。因為公司的業務往往會成為國家重要政策辯論的核心,因此值得這樣做。這些爭論從消費能源的價格、氣候變遷,到化石燃料與再生能源的比較等等。

內華達州就出現一個與太陽能有關的爭論,還影響波克夏在當地的公用事業內華達州能源公司(NV Energy)。爭論的焦點是,住宅太陽能用戶的自家發電如果併聯到電網,可以得到多少回饋金。內華達州的法律規定,這樣「淨計量法」(net metering)的回饋金額總計不得超過公用事業歷史發電尖峰負載的3%。[13]

只要全州的太陽能發電量比3%少,所有太陽能用戶就可以得到全部的回饋金；如果超過限制，新太陽能用戶就無法得到回饋金。倡導太陽能發電的人希望能調高上限，而且他們認為很快就會達到上限，並強調支持太陽能發電的經濟誘因需求。不過內華達州能源公司反對這個看法，它預測更晚才會達到上限，而且提到，沒有必要讓沒有太陽能板的用戶比裝設太陽能板的用戶付出更多能源費用。

　　兩方都積極的遊說，並忙於公關活動。而且兩方都被指控做得太過頭。舉例來說，在這個議題的公開聽證會上，立法官員指責太陽能產業人士發送「攻擊性」的電子郵件批評特定人士，促使頂尖的太陽能發電倡導者為員工的行為道歉。[14]

　　對內華達州能源公司的指控還越過公司的層級，把目標瞄準到波克夏，尤其是巴菲特。藉由狂熱的資本主義斷言，把當地的故事變成大衛和歌利亞的競賽。你會讀到一篇標題是〈華倫‧巴菲特正對綠色能源發出各種訊息〉的報導，在內華達州的辯論中，把巴菲特誇大波克夏對再生能源的投資與內華達州的立場進行對比，並引用一個消息來源的話稱：「簡而言之就是金錢考量，即使這看起來有點虛偽。」[15]

編輯也許很喜歡描述捍衛消費者權益而不切實際的環保人士與波克夏這個靠壟斷獲取暴利的公司對抗的故事情節。然而事實上，更隱晦的現況是從化石燃料轉型到再生能源這種複雜而高度爭議的公共政策。波克夏不在乎結果，而且內華達州能源公司只是波克夏海瑟威能源部門積極參與這個過程的子公司之一。

然而，只是相信能源科學家和企業高階經理人可以單獨完成這些對話，並處理能源公司要求說明的一切事項那就太荒謬了。為此，公司需要配置公關專家與遊說專家。波克夏海瑟威能源公司會這樣做，而這個故事顯示這樣做可以發揮作用。

## 公關團隊的配置原則

並非所有子公司都需要全職的公關員工，不過少數子公司需要。一個分權的結構能夠使某個子公司滿足自己的需求。在一個可以引起超大關注的大型組織中,依需求提供母公司的支持並在子公司配置少數人力也許就夠了,而且可以避免員工過多或官僚作風。對那些更常受到媒體檢視或有政治爭議的公司來說,可能需要一個長期專職的公關團隊,在這種情況下,母公司可能可以維持不參與。

第11章

# 規模的挑戰

　　很少有公司能夠達到波克夏這麼龐大的規模，但是很多公司都面臨公司成長伴隨而來不斷的挑戰。這些挑戰從尋找新方法來「持續發展」、對一個不斷擴張的組織進行監督、到在集團企業的商業組織下維持專注在事業的經營上。最終，所有人對大企業有著普遍的不信任，這就是美國政治生態的一部分。

　　從伍德羅・威爾遜（Woodrow Wilson）<sup>*</sup>、路易斯・

---

* 美國第二十八任總統，任內通過「克萊頓反托拉斯法案」（Clayton Anti-trust Act）。

233

布蘭迪斯（Louis Brandeis）<sup>*</sup>、伯尼・桑德斯（Bernie Sanders）<sup>**</sup>到伊莉莎白・華倫（Elizabeth Warren）<sup>***</sup>，美國人看到超大型企業都嚇呆了。被視為「大到不能倒」的金融機構是受到大家厭惡的最新目標，現在還被歸類為擁有系統重要性而被政府管制。把集團企業妖魔化是私部門的消遣，這可以追溯到1980年代，持續到今天還在質疑大企業因為「太大而無法成功」。

美國總統威爾遜強調，在大企業中，為了組織的使命，員工已經失去個體性，尤其是對那些透過併購而成長、而不是自然成長的公司。當員工認為自己是帝國的人質，而非團隊的一員時，員工的士氣可能就會受到影響。大法官布蘭迪斯則警告，集團企業會威脅社會福利與國家精神。這樣的顧慮一路達到最高點：當一家公司

---

\* 1916至1939年擔任美國最高法院大法官，他提出反壟斷的思想，在1906年阻止傑克・摩根（J.P. Morgan）壟斷新英格蘭地區的鐵路經營。
\*\* 著名聯邦參議員，2016與2020年總統大選均爭取民主黨提名，提出增加富豪稅率等主張。
\*\*\* 麻州參議員，2020年總統大選爭取民主黨提名，政見包括要拆分Google、Amazon、Facebook等大型科技公司。

收購另一家公司時，被收購公司的執行長總是會放棄公司掌舵者的角色，只會成為公司官僚體系中的其中一員。

　　如今對這些企業巨頭提出批評的人宣稱，這些企業促使財富從勞工轉移到高階員工。資金快速湧進高階經理人的紅利，而且往往是用股票來支付，使得增加股票價值的多寡往往比業績表現還重要。就像參議員華倫和桑德斯的看法，這些特性沿著社會經濟階梯發展，產生有害的影響。更糟的是，大公司的政治勢力與規模成正比，與民主價值觀產生矛盾。

　　表面來看，波克夏似乎很容易成為這類指責的目標。無論從資產、資本或員工數量來衡量，波克夏都是美國最大的公司之一。如果波克夏是一個國家，那麼它的營收（它的國民生產總值）可以成為世界50大經濟體，可與愛爾蘭、科威特和紐西蘭匹敵。它最近的成長大多來自積極的併購計畫。它已經併購9家獨資的子公司，而且如果把這9家公司單獨來看，都會是《財星》500大公司。

　　但是波克夏避開民粹主義反對者痛惡的罪惡，主

要是因為波克夏獨特的企業文化，這種企業文化來自於
自主管理的實踐。在波克夏收購的公司中，現任的執行
長依然是公司的統帥；沒有其他官僚人士會加入。甚
至有一本書專門討論這個現象，那就是羅伯‧邁爾斯
（Robert Miles）的《巴菲特的繼承者們：波克夏帝國20
位成功CEO傳奇》（ *The Warren Buffett CEO: Secrets from the
Berkshire Hathaway Managers* ）。[1]這些執行長提到，這種自
主管理和信任，激發他們完美做好管理工作。

　　儘管波克夏的高階經理人有很高的薪資，得到的紅
利卻不像上市公司同業那麼慷慨。薪資發放的標準明顯
跟他們掌控公司的業績表現掛勾，而且提供的是現金，
而非股票。此外，與其他美國公司的執行長相比，巴菲
特的薪資微不足道。

　　就算批評者認為波克夏可以運用廣大的政治影響
力，也幾乎沒有證據證明，相對於特定的個人或單位，
公司會這樣做。到2004年為止，波克夏在政策遊說上花
的錢很少，或許平常一年只有30萬美元，而其他大公
司，從波音（Boeing）到威訊通訊（Verizon）[*]，最少都

投入接近1000萬美元。

直到現在，波克夏的能源事業擴張到4倍大，而且到了2009年併購BNSF鐵路公司之後，對這兩個監理機關的遊說金額提升到一年大概600萬美元。這個數字與規模相近的公司花費相比仍舊很小。波克夏並非政治懦夫，不過因為遊說金額相對不大，得以抵擋不民主的裙帶資本主義指責。

## 大到不能倒

多虧2008年的金融危機，對銀行來說，龐大的規模變成很苦惱的事。幾個金融機構已經成長得如此龐大，而且重要到如果倒閉，政府不得不插手干預。2008年，主管機關強行掌控一些公司，像是波克夏保險公司的競爭對手美國國際集團，以及一度投資的房地美

---

\* 美國主要電信公司，前身是大西洋貝爾公司（Bell Atlantic），是美國電話電報公司（AT&T）分拆的七個小貝爾公司之一。

（Freddie Mac）；並安排出售其他公司，像是全國金融公司（Countrywide）和美聯銀行（Wachovia）；還干預整個金融部門，讓雷曼兄弟倒閉。

這些金融機構受到2010年「陶德‧法蘭克法案」的嚴格監理，維持最低資本適足率與債務上限。除了大型銀行外，主管機關還指名大型保險公司是具有系統重要性的金融機構（systematically significant financial institutions, SIFIs），受到相當多的管制與監督。

對大企業持懷疑態度的人建議要在波克夏貼上系統重要性金融機構的標籤，甚至導致英國的中央銀行英格蘭銀行（Bank of England）正式致函美國主管機關，詢問為什麼會略過波克夏。有幾個理由可以解釋這項決定。一方面，在2008年的危機中，儘管這樣的金融機構和很多公司都在流失資本，波克夏卻擁有充足的資金供給。

與許多主要經營金融業務的競爭對手不同的是，波克夏的保險和金融業務一度是核心事業，現在隨著波克夏的多元化發展，業務比重已經逐漸減少。波克夏從保險驅動的投資引擎在大約1990年代明顯演變成龐大的工

業化集團企業，那時集團企業的商業組織形式正好因為
受到嚴厲批評而逐漸式微。

## 集團企業

　　波克夏已經避開集團企業這個企業組織形式的主要
陷阱。當巴菲特在1965年開始經營波克夏公司時，這是
十分流行的形式，但後來逐漸過時了。

　　在1960年代和1970年代，集團企業的形式在美國企
業中蓬勃發展，部分是因為1950年制定「賽勒－凱福維
爾法」（Celler-Kefauver Act），阻止競爭廠商之間的相互
合併，激起沒有業務相關的企業之間的併購。[2]許多厲害
的執行長透過無數次的併購建立起大型公司。

　　著名的例子包括ITT公司，在哈羅德‧季寧（Harold
Geneen）和後來的蘭德‧艾拉斯高（Rand Araskog）的
領導下，這家公司囊括350家不同的公司，包括汽車租
賃、烘培、旅館和保險業。而由亨利‧辛格頓（Henry

Singleton）[*]整合建立的泰勒達因科技公司（Teledyne Technologies）有將近100個不同的事業，範圍遍及音響喇叭、航空、銀行、電腦、引擎和保險業。到了1980年，《財星》500大公司中大多數都是集團企業。[3]基本做法包括利用規模、抓住綜效、靈活的商業頭腦與分散投資。

然而，批評者指控這是放任專橫的高階經理人建立企業帝國。他們強調這些企業有很多都陷入困境、持續一段時間遭受大幅損失、內部資金配置失當，或是證明難以管理。在敵對企業的收購高手尋求股東價值最大化，以及學術界督促企業更加專注經營的壓力下，集團企業模式開始瓦解。

卡爾・伊坎和羅納德・佩雷爾曼等企業掠奪者，以及KKR等收購企業的公司都瞄準或併購集團企業，然後把集團企業分拆。其他公司，像是ITT公司和泰勒達因

---

[*] 辛格頓是1960年代著名的投資人，他與巴菲特相同，用併購壯大公司，而賺的錢都不發放股利，不過辛格頓在1991年退休之後，公司的發展也不如昔日風光。

科技公司，只能屈服於這瞬息萬變的時代，並將自己的集團企業分割成多個各自獨立的公司。[4]

到了1990年，集團企業的時代結束了，而且集團企業被廣泛認為是個系統性的錯誤。偏好集團企業系統與事必躬親管理模式（micromanagement）的高階經理人最終會破壞公司的有效運作。子公司的經理人如果能被允許根據事業的個別需求來運用整個系統，並專注在自己獨特的專業領域上，就能更有效率的執行業務。

董事會無法監督日益壯大的帝國，他們愈來愈常被要求成為經理人的積極監督者，而非忠實的顧問，股東比集團企業的高階經理人更能有效的分散投資，因為集團企業的高階經理人被證明沒有能力配置資本。而且美國的反托拉斯政策也回過頭來擔憂競爭對手之間的相互併購。[5]

然而在同一段期間，波克夏從1960年代一家小型投資合夥公司，到1995年變成一個持有大量股票的多元化集團企業。如今，它是一家集團企業，比ITT公司、泰勒達因科技公司或貝特尼斯公司（Beatrice Companies）*、西灣工業、立頓工業（Litton Industries）**、德事隆等1980年代其他企業巨頭更加壯大。而且它的表現讓人印象深刻。

會這樣成功有個廣泛的理由，那就是波克夏意識到所有的陷阱，而且成功避開：身為執行長的巴菲特與事必躬親的經理人完全相反；波克夏的分權與自主管理原則能專注在事業經營上；巴菲特的投資敏銳度使波克夏的分權實務帶給投資人更多價值；而且波克夏的內部資產配置為股東節省可觀的交易成本和稅負。

波克夏也許獨一無二。然而還有很多企業分享更多實務與成功經驗。就像第8章提到，這些公司包括眾多的保險公司，像是阿勒格尼公司、楓信金融控股公司和馬克爾公司，以及眾多擁有完善商業模式的非保險公司，像是星座軟體公司、丹納赫公司和伊利諾工具集團。

---

* 1894年以食品公司起家，後來擴展到消費品與科技產業。
** 美國大型國防承包商，1960年代收購許多與原先業務無關的公司，包括打字機、冷凍食品、辦公室設備與家具公司，成為美國最大的企業集團之一。但之後因經營不善，旗下公司紛紛出售，2001年公司也被收購。

# 大到無法成功

　　如今，反集團企業的情緒高漲讓監理機構的擔心從「大到不能**倒**」轉而探討「大到無法**成功**」。證據顯示，大公司的表現往往在很長一段時間不如較小的競爭對手。批評者說，（通常透過併購而壯大的）大企業意味著會隱含很多阻礙企業自然成長的問題。他們認為，公司齊聚（尤其是透過併購）會引發衝突，進而導致內部戰略弄巧成拙。就像早期民粹主義者警告的情況，當代評論家認為規模會導致高階經理人以犧牲人性為代價來強調短期獲利。

　　其他人則承認，公司大小與成功或失敗間的關係充滿不確定性。這些反對者說，大公司能夠擴大規模，同時以小團隊來控制不利之處、灌輸一個信任為主的文化，而且確保每個人都有使命感。他們指出波克夏是領導力的典範，建立一個通常由相當小的事業單位所組成的龐大組織。

　　巴菲特一再強調波克夏會有這樣的規模純屬偶然。

早在1982年，波克夏就在年度給股東的信中提到：「我們不會把公司大小等同於股東的財富。」蒙格在解決合併行動所產生的所得稅問題時，表達出他在社會經濟層面上對公司高度集權的厭惡。[6]對於這兩位波克夏的創辦人來說，彷彿波克夏會有這樣的規模是偶然的，與其說是戰利品，不如說是自然產生的結果。

　　一個人最大的優勢往往也是一個人最大的劣勢。波克夏的模式也可以這麼說。它寶貴的商業經營方法：以內部資金融資、自主管理、分權與掌握收購機會，都會讓擁有企業家精神的高階經理人升官。然而，與此同時，他們冒著因為獨立、不屈的靈魂與定期的聲譽受損而導致犯錯的風險。

　　但是公司大小並不是問題。在規模上，波克夏唯一真正碰到的代價也許是維持超額投資報酬率的基準。巴菲特已經感嘆十多年，早在1994年給股東的信上就警告：「豐厚的錢包是優秀投資成果的敵人。波克夏現在的淨資產是119億美元，相較之下，查理和我開始經營這家公司時，淨資產只有大概2200萬美元。」

　　時代已經改變了。波克夏的淨資產過去10年有7年都在增值。隨著淨資產接近3000億美元，現在已經達到1994年的25倍。波克夏的企業文化擁有龐大的價值，而它的規模並沒有改變。這是連布蘭迪斯和威爾遜都會喜歡的公司。

# 第12章

# 接班難題

大約在巴菲特80歲生日的時候,《經濟學人》寫到波克夏在「玩最後一局」(Playing Out the Last Hand)。[1] 史蒂芬‧大衛道夫‧所羅門(Steven Davidoff Solomon)在《紐約時報》感嘆巴菲特以「不可替代的魔力」讓波克夏增光。[2] 在波克夏2013年的股東會上,投資人道格拉斯‧卡斯(Douglas Kass)斷言,他相信如果沒有巴菲特,波克夏存活下來的可能性,不比沒有亨利‧辛格頓的泰勒達因科技公司來得高。

這些批評者認為,只有巴菲特能夠讓波克夏底下的各公司團結在一起,卻沒有考慮信任發揮的作用。雖然

巴菲特的離開肯定是必然的，但由於牽涉到太多其他人
與文化因素，因此會如此隨意的預測出最終會出現這樣
的結果。這些嚴肅的問題需要思考完整的接班人計畫，
以及信任在波克夏文化中的角色。

## 波克夏的接班計畫

　　長期以來，要預測誰會接任巴菲特集團掌門人的位
置一直是個大型的紙上遊戲。雖然波克夏被批評花在思
考接班人計畫的時間太少，但是大多數公司董事在這點
上花費大量的時間。許多董事會過於狹隘的專注在考量
執行長的接班人選，不過波克夏的董事會對於波克夏未
來的領導階層已經制定一套多面向的計畫。

　　波克夏的接班人計畫一直要求把巴菲特的角色分
成兩部分。在最初的幾十年中，投資決策交給勞‧辛普
森，他長期在汽車保險子公司蓋可公司擔任精明的投資
組合經理人。行政的功能性職能則由蒙格處理。這兩個
人都擁有巴菲特的價值觀，而且了解波克夏的文化。但

是這個接班人計畫隨著這三個人都老了而變得沒有意義：辛普森退休了，而且蒙格也超過80歲。

今天，波克夏的接班人計畫預計把投資決策交給幾位投資經理人，可能包括陶德・康姆斯和泰德・韋斯勒。在行政工作方面，巴菲特的接班人是來自波克夏眾多子公司的高階經理人。2018年，波克夏任命葛瑞格・阿貝爾與阿吉特・賈因擔任董事會成員，並分別任命他們為非保險業務與保險業務的副董事長。

波克夏接班人計畫最後一部分是要求把執行長和董事會主席的職責分開。巴菲特要他的兒子霍華・巴菲特（Howard Buffett）擔任董事長。儘管除了執行長和營運長的職務以外，很容易把巴菲特的角色劃分出第三種角色，但也許更適合的做法是把蒙格的角色分成兩部分，把非第二執行長的工作劃分出來。畢竟，蒙格最重要的一個角色就是說「不」，而那會是霍華扮演最重要的一項角色。但是說「不」這種事情可能會改變。

蒙格的否決權往往會為波克夏的併購交易增加過濾條件，避免即興的投資交易。在打造波克夏公司時，這對於建立公司文化至關重要。相反的，霍華的角色強調的是維持文化，而不是建立文化。他在否決併購交易時要說的是提醒大家不要忘記波克夏與眾不同的價值觀，像是遵守承諾、永久發展與自主經營。在極端的情況下，霍華的角色意味著要解雇剛愎自用的波克夏執行長。

因此，霍華的主要工作是他父親從未執行過的工作，而他的工作並不會牽涉到任何讓他父親成名的職務。這種方式巧妙的跳脫常讓傳奇人物子女陷入困境的陷阱。那些繼承父母相同角色的子女往往會被人用父母的標準來衡量，而且經常發現有所不足。

一些觀察家也許會誤解霍華的角色，並以他父親那種不可能達成的標準來衡量他，這樣也許很不公平。但是隨著時間經過，相關的角色就會變得很明確，而且在霍華對波克夏第一手的理解，以及為巴菲特創作的熱情，他很可能符合擔任這項職務的標準。但是他不能一個人自己做。他需要波克夏股東持續的信任，需要股東們考量霍華會面臨的情況。

有些強大的勢力會強力批評集團企業的形式，他們大聲疾呼要把集團企業分拆。近年來有很多知名的集團企業面臨這樣的命運,包括杜邦公司和聯合科技公司等大型股。

在集團企業時代之前很久,公司被認為是永久存在的機構,像是波克夏。隨著集團企業時代因為企業收購時代而黯然失色,不論是人為感受還是實際情況,公司存在的時間都變得更為短暫。[3]

大家普遍認為公司只會短暫存在,因此那些致力對公司施壓、要求要立即達到股東要求的人都抱持這種心態,不論是行動主義者還是私募基金都一樣。

集團企業的過時引發敵對情緒,需要強而有力的防禦。儘管最好的防禦方法就是保持穩定的業績表現,另一個優勢則是擁有大量對公司忠誠的股權。[4]在巴菲特牢牢掌控波克夏的情況下,沒有任何股東行動主義者膽敢挑戰它的商業模式。

但在巴菲特離開之後,這樣的盤算可能會不同。畢竟,儘管市值接近5000億美元,很多分析師都同意巴菲特的看法,認為波克夏有更高的價值。波克夏的價值比旗下各公司的價值加總都還高，因為這個組織能夠創造可觀的收益，包括最佳的資金分配、最小的企業風險、沒有偏狹的思維、低成本的融資、擁有租稅效率與很少的營運費用。

行動主義者引用對這種商業模式的批評，敦促巴菲特的接班人銷售波克夏陷入困境的事業單位，把表現普通的事業單位分拆出去，並在其中一些事業單位設立新的經理人。在這個過程中，行動主義者要求分配現金給股東。他們會解釋這些銷售與分配所達到的淨效益會為股東立即增加價值。

這種相反的觀點反而強調波克夏股東的長期價值、對企業賣家的堅定承諾、提供管理階層永久的自主管理權力，以及在沒有稅負或交易費用的情況下，將大量資金從一個子公司轉移到另一個子公司的環境。

這些承諾與靈活性的經濟價值並不一定反映在波克夏目前的股價或個別子公司的評價中。溢價只有在波克夏進行收購時才會呈現出來，而且也許只有維持集團企業的形式才能保留下來。

　　波克夏的股東有責任解決這場爭議。假設巴菲特的接班人在過去幾年能有出色的表現，波克夏的股東就必須決定是否不要維持對領導階層的信任與波克夏的模式。他們的選擇會對這種信任為主的文化進行投票。我們的錢要託付給信任的人。

## 結語

# 冷酷無情的壞處

　　巴菲特用明確的話來總結波克夏商業模式的成本效
益：

　　我們往往會讓眾多子公司自行運作，無須任何的監
　　督與管控。這意味著我們有時會太晚發現他們偶爾
　　造成的管理問題與（讓人討厭的）經營和資本決
　　策……不過，我們多數的經理人都出色的使用我們
　　賦予他們的獨立性，維持股東導向的態度來回報我
　　們的信心。這種股東導向的態度很寶貴，在大型組
　　織裡很少會發現。我們寧願承受一些錯誤決策所帶

來的有形成本,也不願因為僵化的官僚作風導致決策過於緩慢,帶來很多看不見的成本。[1]

波克夏的方法是如此異常,以至於偶然發生的危機引來大家議論哪種企業文化比較好,是波克夏的自主管理與信任模式(autonomy-and-trust),還是更常見的命令與控制模式。當受人敬重、管理波克夏眾多子公司的大衛‧索克爾涉嫌在收購標的公司時進行內線交易時,很少有比這件事對波克夏的文化帶來更大的傷痛與啟發了。

2010年,巴菲特要求經營中美能源公司與利捷航空的索克爾尋找併購機會。所有波克夏子公司的負責人都被鼓勵去尋求併購的可能性,但是這個工作也許是索克爾的試驗場,那時大家都認為他是接下巴菲特職務的主要候選人。

然而,索克爾以一種最不像波克夏的方式工作,他雇用銀行家幫他物色標的。索克爾指示花旗集團(Citigroup)的團隊注意化工產業。他們找出18個潛在標的,索克爾對其中一家公司感興趣,那就是路博潤公司，這是專業化學用品的製造商，產品包括汽車業與石油工業使用的添加劑。2010年12月13日，索克爾要這些銀行家詢問路博潤公司的執行長詹姆士‧漢布里克（James L. Hambrick）是否有興趣跟巴菲特談談讓波克夏收購公司。12月17日，漢布里克說會在路博潤公司的董事會中提案討論，因此，花旗集團把這個消息告訴索克爾。

索克爾認為路博潤是間出色的公司，也是出色的投資標的，因此，在2011年1月第一周，年收入2400萬美元的索克爾[2]買下價值1000萬美元的路博潤公司股票。（他也在12月中買了少量股票，然後很快賣出了。）到了下周，1月14日，漢布里克打電話給索克爾，表達對收購案的興趣，並與巴菲特約了一場會議。接著索克爾向巴菲特報告這個併購機會。

巴菲特回答：「我對路博潤公司一無所知。」索克爾說：「嗯，可以看看，它也許適合波克夏。」巴菲特問：「為什麼這麼說？」

索克爾回答：「我有它的股票，它是一間好公司。

這是波克夏類型的公司。」[3]

巴菲特研究路博潤公司的年報。他並不了解所有的化工知識，只是理解到石油添加劑對於運轉中的引擎必不可少。不過，巴菲特說，了解一家公司神祕難懂的細節遠比掌握產業的經濟特性與公司的地位來得不重要。[4]在與索克爾談過，並在2月和漢布里克共進晚餐之後，巴菲特對於路博潤公司的文化有些了解，而且發現公司的前景看好。

到了3月14日，波克夏同意以高出30％股價的價格收購路博潤公司。消息宣布後，花旗集團的銀行家，也是巴菲特的股票經紀人約翰・福倫德（John Freund）[5]打電話恭喜巴菲特，很高興花旗集團能夠促成這項交易。聽到花旗集團參與其中，巴菲特很驚訝，他要波克夏的財務長馬克・漢柏格（Marc Hamburg）打電話給索克爾，想要了解花旗集團參與的情況。索克爾概要的說明，還提到最近買進路博潤公司的股票，這些資訊之前都沒跟巴菲特提過。

在接下來一周的時間裡，索克爾提供更多細節，因

為波克夏委任蒙格、托爾與歐爾森律師事務所的律師在
幫助路博潤公司的律師草擬交易的披露文件時盤問他。
巴菲特那周去了亞洲，當他回來時，索克爾提交辭呈。
索克爾曾兩次要從波克夏退休，但是巴菲特和其他波克
夏的董事說服他留下來。這次他會離開。

　　3月29日，巴菲特草擬一份新聞稿，提到索克爾要
辭職。他把草稿交給索克爾檢查。新聞稿把索克爾的辭
職歸咎於這些事件如何破壞索克爾在波克夏繼承巴菲特
職務的期望。索克爾反對這樣的解釋。索克爾不只否認
對外宣稱自己是巴菲特的接班人，他還說他是因為個人
因素辭職，而且他不認為自己做錯什麼。[6]

　　因此，在第二天新聞稿發布之前，巴菲特摘錄索克
爾的辭職信來取代那段話。新聞稿把索克爾的辭職歸咎
於他想要管理家族資產。接著巴菲特稱讚索克爾對波克
夏做出的「獨特貢獻」，包括在中美能源公司與利捷航
空公司的貢獻。然後，新聞稿總結索克爾購買路博潤公
司股票的事件，認為這是合法的，而且提到索克爾聲稱
這與他的辭職完全無關。

3月30日的新聞稿引來批評。大家認為波克夏和巴菲特對於這個外人看來內線交易的案例給予溫和的批評，並不符合他們慣常的直率態度。這「暗示（巴菲特）與索克爾的關係密切，也許有某個程度的互惠，而且因為他過去為波克夏做了一些好事，所以願意讓事情順其自然發展。」[7]股東要求要知道為什麼巴菲特沒有很生氣。

巴菲特接受這個批評，並提到，如果波克夏的律師撰寫這份新聞稿，他們會更加謹慎。蒙格承認這份新聞稿有瑕疵，但警告不要因為這樣的做法而暴怒。[8]公司的律師起草新聞稿的技巧純熟，執行長們通常會把這項工作交給他們。巴菲特寫下的新聞稿出錯，凸顯出授權給他們的價值。在索克爾的案例中，看著批評人士很快抨擊波克夏的文化過於放任，實在是很諷刺的事。

波克夏的審計委員會找來蒙格、托爾與歐爾森律師事務所的律師來評估這個案例。4月26日，委員會做出結論：索克爾買進路博潤公司的股票違反波克夏的政策。波克夏的政策限制經理人買進波克夏進行收購評估中的公司股票，而且禁止私人使用機密的公司資訊。最重要的是，索克爾違反巴菲特每半年寫給波克夏執行長信件中的一項規則，那就是要求他們要維護波克夏的聲譽。

審計委員會嚴厲的指責等於駁斥巴菲特3月30日發布的新聞稿所傳達的輕微懲罰。這促使巴菲特改變態度。

在4月30日波克夏的股東會上，巴菲特在開場時討論這個主題。他秀出20年前在所羅門兄弟接受媒體採訪的片段，在那段影片裡，他告訴員工要避免做出不希望上報紙頭條的行為。巴菲特繼續譴責索克爾的舉動「不可原諒，而且令人費解」。巴菲特在譴責所羅門兄弟醜聞的肇事者時也使用這個詞。接著把討論轉向廣泛的批評，然後傳遞波克夏信任為主的商業模式。

評論者主張，索克爾（或任何高階經理人）違反公司政策的情況，引起大家對公司內控系統有效性的疑慮。就像第6章討論的情況，現代公司內控系統大量仰賴正式命令，包括強制性的程序、報告、批准與無謂的監督。相對來說，波克夏信任的是人，而不是流程。批評者懷疑波克夏以信任為主的文化就是索克爾事件的罪魁禍首。[9]

只要有任何違反行為就譴責公司內控不足或公司文化，未免太誇大其辭。沒有一個系統可以避免所有的違約行為，甚至沒有最有效的命令和控制方法。相反的，索克爾的插曲代表每家公司期望公司文化與內控想要阻止發生的事。這個插曲確實暴露出以信任為主的模式的局限。[10]

蒙格在波克夏2011年4月30日股東會針對這個主題補充說明：

> 最偉大的機構……選擇最值得信任的人，而且會非常信任他們……從被別人信任到值得被人信任會讓你得到很多自尊心，最好的法遵文化（compliance cultures）就是這種擁有信任態度的文化。（有些公司文化）擁有很大的法遵部門，像是華爾街，也擁有最多醜聞。因此，只是藉著擴大法遵部門就要讓你的行為自動變得更好，並不是這麼簡單。這種普遍信任的文化是有效的。波克夏並沒有產生很多醜

聞，我也不認為會有很多醜聞。[11]

　　在任何公司文化中，高階主管要如何回應違法行為非常重要。在2011年的股東會上，觀眾聽到台上公司負責人的話語一再迴盪，巴菲特在所羅門兄弟時代的訓誡出現在這本書的一開始與中間，在結尾這裡要再次提到：「讓公司賠錢我會理解；讓公司失去聲譽，我會變得冷酷無情。」[12]

　　就索克爾的例子來看，波克夏把所有資訊都交給證券交易委員會。證券交易委員會對這件事進行調查，但最終在2013年1月結案。證券交易委員會並沒有提供任何解釋，但這是否是公司的勝利還不確定。一方面，不論波克夏是否有收購路博潤公司，索克爾都沒有得到授權。這意味著當他買進路博潤公司的股票時，擁有的「資訊」既不成熟，也不可靠。因此證券交易委員會可能很難證明法律要求的「明確性」（materiality）。此外，因為索克爾並不是路博潤的員工，買進股票時並沒有被認為是進行典型的內線交易，因此證券交易委員會不需要證明他有「侵占」波克夏的資產,這種情況並不明顯。[13]

　　證券交易委員會決定不起訴索克爾,這個決定與波克夏的審計委員會譴責他違反公司政策的判斷相反。企業判斷和法律結論出現差異在公司實務上很常見,因為道德規範通常比法律規定嚴格。法律規定最低要求,使公司可以自由往上調整標準。事實上,許多命令與控制的機構都只努力遵守法律規定;波克夏的信任與自主管理文化追求的是更高的標準。[14]

　　與證券交易委員會的結論一致的地方是,索克爾的錯誤不只是買進路博潤公司的股票,還有沒有對巴菲特和其他人透露最近有買進股票。審計委員會的反應凸顯波克夏對輿論的敏感性,即使索克爾宣揚證券交易委員會的決定,拿來為自己辯護。但就像第4章提到的,索克爾的律師甚至辯稱,他與波克夏的聘雇關係允許他做這件事。[15]索克爾的侵權行為相對於付出的代價小得多,證明冷酷無情的意義。幸運的是,在波克夏的模式中,冷酷無情很罕見。這是信任主導的好處,而且幾乎所有決策都是在充分的信任邊際上做出來的。

# 各章注釋

## 前言：信任的好處

1. 請見Erik P. M. Vermeulen, "Corporate Governance in a Networked Age," *Wake Forest Law Review* 50, no. 3 (2015): 711–42; Erik P. M. Vermeulen and Mark Fenwick, "The Future of Capitalism: 'Un-Corporating' Corporate Governance" (working paper, Lex Research Topics in Corporate Law & Economics, 2016); Mark Fenwick, Wulf A. Kaal, and Erik P. M. Vermeulen, "Regulation Tomorrow: What Happens When Technology Is Faster Than the Law?" https://papers.ssrn.com/sol3/papers.cfm?abstract_id=2834531 (2017); Toshiyuki Kono, Mark Fenwick, and Erik P. M. Vermeulen, "Organizing-for-Innovation: New Perspectives on Corporate Governance" (2017).

2. 請見David F. Larcker and Brian Tayan, "Berkshire Hathaway: The Role of Trust in Governance" (Stanford Governance Research Program, May 28, 2010).

3. 請見Jay B. Barney and William S. Hesterly, *Strategic Management and Competitive Advantage: Concepts and Cases*, 6th ed. (New

York: Pearson, 2018), 261–62.

4. 請見Subrata N. Chakravarty, "Three Little Words," *Forbes*, April 6, 1998.

5. 請見Jerker Denrell, "Vicarious Learning, Undersampling of Failure, and the Myths of Management," *Organization Science* 14, no. 3 (May–June 2003): 227–351.

6. 請見Aneil K. Mishra, "Organizational Responses to Crisis: The Centrality of Trust," in *Trust in Organizations: Frontiers of Theory and Research*, ed. Roderick M. Kramer and Tom R. Tyler (Thousand Oaks, CA: Sage, 1996), 261, 282.

   學界與財經媒體最近的討論都顯示，信任是公家組織和民間組織在組織行為和組織生存上的核心因素。最近有幾位學者指出，信任是增進組織長期成功和生存的核心因素，尤其是因為環境變得更為不確定與更具競爭之下。

   請見Jordan D. Lewis, *Trusted Partners: How Companies Build Mutual Trust and Win Together* (New York: Free Press, 1999); Christel Lane and Reinhard Bachmann, eds., *Trust Within and Between Organizations* (Oxford: Oxford University Press, 1998); 以及 "Special Topic Forum on Trust in and Between Organizations," *Academy of Management Review* 23, no. 3 (1998): 384–640.

7. 請見Dennis Reina and Michelle Reina, *Trust and Betrayal in the Workplace: Building Effective Relationships in Your Organization* (Oakland, CA: Berrett-Koehler, 2015); Ken Blanchard and Jesse Lyn Stoner, *Full Steam Ahead: Unleash the Power of Vision in Your Work and Your Life* (San Francisco, CA: Berrett-Koehler, 2011) ("People follow leaders by choice. Without trust, at best you get compliance."); 以及Christel Lane, "Introduction:

Theories and Issues in the Study of Trust," in *Trust Within and Between Organizations*, 1 ("Trust is increasingly being viewed as a precondition for superior performance and competitive success in the new business environment."); Sue Shellenbarger, "Workplace Upheavals Seem to Be Eroding Employees' Trust," *Wall Street Journal*, June 21, 2000.

8. 巴菲特的說法引用自1993年6月30日《傑出投資人文摘》（*Outstanding Investor Digest*）刊登的訪談內容：

> 我們說的「護城河」，其他人可能會稱為競爭優勢。這是某些能讓公司與最接近的競爭對手區分開來的要素，不管那是服務、低成本、品味、或是產品在消費者心中或與其他最好的選項相比感受到的某些優點。護城河有很多種，而且所有經濟上的護城河不是正在擴大，就是在縮小，即使你沒看到。

請見Michael E. Porter, *Competitive Strategy: Techniques for Analyzing Industries and Competitors* (New York: Free Press, 1980); Clayton Christensen, *The Innovator's Dilemma: When New Technologies Cause Great Companies to Fall* (Boston: Harvard Business Review, 1997).

9. Mani, "Warren Buffett to Acquire Detlev Louis Motorradvertriebs In Europe Push," *Value Walk*, February 20, 2015, https://www.valuewalk.com/2015/02/warren-buffett-detlev-louis/.

10. Beiten Burkhard, "Advises Ute Louis on the Sale of Detlev Louis Motorradvertriebs GmbH," company statement, February 20, 2015.

11. "What Do You Get When You Cross Warren Buffett With a

Motorcycle?" *Motley Fool*, February 21, 2015.
12. European Union, "Commission Clears Acquisition of Detlev Louis Motorradvertriebs by Berkshire Hathaway," press release, April 27, 2015.
13. Alexander Mothe and Astrid Dorner, "Warren Buffet's German To- Do-List," *Handelsblatt*, February 25, 2015; 也請見Steve Jordon, "Warren Watch-Buffett's 'German Scout' on the Hunt," *Omaha World-Herald*, March 22, 2015.
14. 本書改寫與重編勞倫斯‧康寧漢2013-2018年寫下的20多篇文章，並由史蒂芬妮‧庫巴編輯，包括：

**2018:**
- "Warren Buffett on Mentoring," *NACD Directorship*, July-August 2018;
- "How Shareholders Have Built, Preserved Berkshire," *Omaha World-Herald*, May 5, 2018.

**2017:**
- "Warren Buffett's Ten Commandments for Directors," *NACD Directorship*, July-August 2017;
- "Berkshire Managers Flourish in Decentralized Structure," *Omaha World-Herald*, May 7, 2017;
- "Unilever Deal Is Dead, but Buffett's 'Big Game' Danger Lives On," *CNBC*, February 22, 2017;
- "Contract Interpretation 2.0: Not Winner Take All but Best Tool for the Job," *George Washington Law Review* 85, no. 6 (2017): 1625–59.

**2016:**
- "The Writings of a Joyous Investor," *NACD Directorship*, July-August 2016;
- "Berkshire Hathaway: From Value Investing to Trust Managing," *Manual of Ideas*, May 2016;
- "Culture of Autonomy Makes Berkshire's Size More Strength Than Weakness," *Omaha World-Herald*, April 30, 2016;
- "Berkshire's Blemishes: Lessons for Buffett's Successors, Peers and Policy," *Columbia Business Law Review* 1, no. 1 (2016): 1–59.

**2015:**
- "Warren Buffett Arrives in Europe: Seeking Quality Companies to Preserve and Protect," *European Financial Review*, December 28, 2015;
- "Warren Buffett and Wall Street: The Best of Frenemies," *Financial History* (Fall 2015);
- "Minus the Middleman: Berkshire Model Offers Profitable Lessons," *Omaha World-Herald*, May 1, 2015;
- "The Philosophy of Warren E. Buffett," *New York Times*, April 30, 2015;
- "Why Warren Buffett's Son Isn't the Heir Apparent," *CNBC*, March 11, 2015;
- "Understanding Succession at Berkshire After Buffett," *New York Times*, March 2,

**2015:**
- "The Secret Sauce of Corporate Leadership," *Wall Street Journal,*

January 25, 2015;

- "Intermediary Influence and Competition: Berkshire versus KKR," *University of Chicago Law Review Dialogue* 82, no. 1 (2015): 177–99;
- "Berkshire's Disintermediation: A Managerial Model for the Next Generation," *Wake Forest Law Review* 50 (2015): 509–31.

**2014:**
- "Ocwen Would Do Well to Follow the Lessons of Berkshire's Clayton Homes," *New York Times*, December 24, 2014;
- "Big-Hearted Warren Buffett's Guide to Giving," *CNBC*, December 5, 2014;
- *Berkshire Beyond Buffett: The Enduring Value of Values* (New York: Columbia University Press 2014), chap. 8.

15. 請見Warren E. Buffett, "Before the Subcommittee on Telecommunications and Finance of the Energy and Commerce Committee of the U.S. House of Representatives" (1991), reprinted in *Wall Street Journal*, May 1, 2010.

### 第1章：波克夏人與角色

1. 請見Deborah A. DeMott, "Agency Principles and Large Block Shareholders," *Cardozo Law Review* 19, no. 2 (1997): 321–40.
2. 請見Lawrence E. Mitchell "The Human Corporation: Some Thoughts on Hume, Smith, and Buffett," *Cardozo Law Review* 19, no. 2 (1997): 341.
3. *Meinhard v. Salmon*, 164 N.E. 545 (N.Y. 1928).
4. 請見Amy Deen Westbrook, "Warren Buffett's Corporation:

Reconnecting Owners and Managers," *Oklahoma City University Law Review* 34, no. 3 (2009): 515–48.

5. 請見Michael Eisner and Aaron R. Cohen, *Working Together: Why Great Partnerships Succeed* (New York: Harper Collins, 2014).

6. 請見Melvin A. Eisenberg, "The Board of Directors and Internal Control," *Cardozo Law Review* 19, no. 2 (1997): 237–64.

7. 請見Jill E. Fisch, "Taking Boards Seriously," *Cardozo Law Review* 19, no. 2 (1997): 265–90.

8. Gary Strauss, "Directors See Pay Skyrocket," *USA Today*, October 26, 2011.其他董事酬勞較低的公司包括美國汽車貸款公司信貸接受公司（Credit Acceptance Corporation）與星座軟體公司（本書作者勞倫斯・康寧漢在這兩間公司擔任董事）。

9. 請見Mark Calvey, "Berkshire Hathaway Director Susan Decker Offers Rare Peek Into Warren Buffett's Boardroom," *San Francisco Business Times*, December 9, 2014.

10. 請見James D. Cox and Harry L. Munsinger, "Bias in the Boardroom: Psychological Foundations and Legal Implications of Corporate Cohesion," *Law and Contemporary Problems* 48, no. 3 (1985): 83–135.

11. 請見Charles McGrath, "80 Percent of Equity Market Cap Held by Institutions," *Pensions & Investments*, April 25, 2017. 確切的數字取決於時間、數據和市場範圍的定義而有不同。美國凱斯西儲大學（Case Western Reserve University）蓋瑞・普雷維（Gary Previts）以1965至2015年美國聯準會的數字，以及勞倫斯・康寧漢的檔案來計算，也會得出類似的數字。

12. 勞倫斯・康寧漢目前研究整個美國公司中這類股東人口統計的重要性。他強調所謂的優質股東，也就是那些長期集中持股並持有，而不是沒有集中持股的指數型投資人，以及沒有長期持有的短期投資人。優質股東為公司事務增加實質價值，但指數型投資人和短期投資人卻沒有。

13. Warren E. Buffett and Lawrence A. Cunningham, *The Essays of Warren Buffett: Lessons for Corporate America*, 4th ed. (New York: The Cunningham Group; distributed by Carolina Academic Press, 2015), 101 (from the 1993 letter).

14. Buffett and Cunningham, *The Essays of Warren Buffett*, 27–28 (from the 1979 letter, later republished in *An Owner's Manual* and ensuing annual reports from 1996).

15. 請見Richard Teitelbaum, "Berkshire Billionaire Found with More Shares Than Gates," *Bloomberg News*, September 17, 2013.

16. Andrew Kilpatrick, *Of Permanent Value: The Story of Warren Buffett* (Birmingham, AL: AKPE, 2018).

17. 有些罕見的例外，像是德克斯特鞋業的經營惡化後，將德克斯特鞋業的剩餘資產轉移到布朗鞋業公司（H. H. Brown Shoe），並將內布拉斯加產物保險公司（Cornhusker Casualty）的布萊德・金斯勒（Brad Kinstler）調到費希海默兄弟公司（Fechheimer Brothers），再調到時思糖果（See's Candies）。

18. 請見Robert P. Miles, *The Warren Buffett CEO: Secrets from the Berkshire Hathaway Managers* (New York: Wiley, 2003), 357–58.

19. 惠特曼去世前一年，他讓康寧漢有榮幸為惠特曼寫下的家庭回憶錄撰寫序言，這段話改編自那篇序言。

20. 其他的例子還包括吉姆・韋伯（Jim Weber）和湯姆・馬南帝（Tom Manenti）。韋伯說在他的職業生涯中從沒有現在這麼受到信任，這讓他感覺要更加負責。馬南帝說，受到巴菲特如此信任，讓他得以信任團隊成員，並將責任大幅授權下去。

## 第2章：合夥模式

1. 當一些社運團體反對某些捐款選擇而抵制一家波克夏子公司的產品時，巴菲特不情願的終止這個計畫。

2. 直到今天，A股每一股有一票的投票權，而且可以得到同等的經濟利益，像是股利；而B股有1/10000的投票權，以及1/1500的經濟利益。

3. Lawrence A. Cunningham and Stephanie Cuba, *The Warren Buffett Shareholder*（Hampshire: Harriman House and Cunningham Cuba LLC）

## 第3章：商業模式

1. 付款能力不足所導致的破產幾乎是蓋可公司在1970年代被波克夏之前收購的命運，以及2000年代剛被波克夏收購的通用再保險公司的命運。

2. 這些是推論的數字。巴菲特2010年給股東的信提到，波克夏總部每年的租金是27萬212美元，而這棟建築物的總投資金額是30萬1363美元。Warren E. Buffett and Lawrence A. Cunningham, *The Essays of Warren Buffett: Lessons for Corporate America*, 4th ed. (New York: The Cunningham Group; distributed by Carolina Academic Press, 2015), 80 (from the 2010 letter). 波克夏2018年的委託書中，列出波克夏最高薪資的員工是財務長，2015年、2016年和2017年領取的本薪分別是135萬美元、155萬美元和177.5萬美元。

3. Lawrence A. Cunningham, *Berkshire Beyond Buffett* (New York: Columbia University Press, 2014), 213.

4. 只有一個經紀人牽線給波克夏的案子保留下來，那是一個異常的案例，巴菲特要求波克夏分公司的執行長大衛・索克爾尋找可以併購的公司。結語會有詳細說明。

### 第4章：交易的原則

1. John Mueller, *Capitalism, Democracy and Ralph's Pretty Good Grocery* (Princeton, NJ: Princeton University Press, 1999), 96.

2. 請見Lawrence A. Cunningham, *Berkshire Beyond Buffett: The Enduring Value of Values* (New York: Columbia University Press, 2014), 11：「在1980年代中期，波克夏想要將巴菲特合夥公司（Buffett Partnership）最初併購、即將倒閉的公司分割出去，像是連鎖百貨公司多元零售公司（Diversified Retailing）、聯合連鎖商店（Associated Retail Stores）和霍奇查爾德柯恩公司（Hochshild Kohn）。但後來放棄這麼做。」那時，巴菲特才意識到波克夏提供永久不賣掉公司的承諾有多大的經濟價值。直到2019年，波克夏才將另一間子公司分割出去，那個例子是應用承保公司（Applied Underwriters），這是一家小型的專業保險公司，報導指出，這是因為波克夏旗下同時有好幾間公司在相同的業務上競爭所導致。請見Nicole Friedman, "Warren Buffett Is Doing Something Rare: Selling a Business," *Wall Street Journal*, February 27, 2019.

3. 班傑明摩爾公司、BNSF鐵路公司、克萊頓房屋、CTB國際公司、冰雪皇后公司、鮮果布衣、加崙童裝（Garan）、通用再保險公司、佳斯邁威（Johns Manville）、賈斯汀、路博潤公司、中美能源公司、精密鑄件公司（Precision Castparts）；蕭氏工業（Shaw Industries），以及XTRA。還有收購亨氏公司，然後再與卡夫食品合併。

4. 在與兩位參與交易的律師、目前還是公司合夥人的羅伯特‧鄧哈姆和羅納德‧歐森討論之後，我們可以確認，我們直覺認為蒙格起草合約的角色並沒有錯。

5. 直到這段時間後不久，這種受託人「出局」的情況才成為標準。但是即使在這個時候，它們還是以某種頻率出現，而且受到法院認真看待，包括當年一個具有里程碑意義的案件：*Smith v. Van Gorkom*, 488 A.2d 858 (Del. 1985).

6. 請見Restatement (Second) of Contracts 193 (1981).

7. 請見Thomas Petzinger Jr., *Oil & Honor: The Texaco-Pennzoil Wars* (Washington, DC: Beard, 1987).

## 第5章：董事會的組成

1. Lawrence A. Cunningham, "Conversations from the Warren Buffett Symposium" (transcript), *Cardozo Law Review* 19, no. 2 (1997): 719, 737; reprinted in Lawrence A. Cunningham, *The Buffett Essays Symposium: A 20th Anniversary Annotated Transcript* (Petersfield, UK: Harriman House, 2016), 13.

2. 多虧波克夏董事，也是蒙格、托爾與歐爾森律師事務所的合夥人羅納德‧歐森告訴我們這點。

3. Warren E. Buffett and Lawrence A. Cunningham, *The Essays of Warren Buffett: Lessons for Corporate America*, 4th ed. (New York: The Cunningham Group; distributed by Carolina Academic Press, 2015), 47 (from the 2002 letter).

## 第6章：以信任為主的組織

1. 請見Stephen M. Bainbridge, "A Critique of the NYSE's Director Independence Listing Standards," *Securities Regulation Law Journal* 30, no. 4 (2002): 370, 381.

2. Compare Kelli A. Alces, "Beyond the Board of Directors,"

*Wake Forest Law Review* 46 (2011): 783–836, with Stephen M. Bainbridge, "Director Primacy: The Means and Ends of Corporate Governance," *Northwestern University Law Review* 97, no. 2 (2003): 547–607.

3. 請見Marcel Kahan and Edward Rock, "Embattled CEOs," *Texas Law Review* 88, no. 987 (2010): 201–10.

4. 請見Tom C. W. Lin, "The Corporate Governance of Iconic Executives," *Notre Dame Law Review* 87, no. 1 (2011): 351–82（賈伯斯〔Steve Jobs〕表示，受歡迎的執行長往往會贏得太多組織與法律的尊重；巴菲特說，這很容易產生過度自信；麥克·艾斯納說，甚至可能會被人討厭）。

5. 請見Melvin A. Eisenberg, "The Board of Directors and Internal Control," *Cardozo Law Review* 19, no. 2 (1997): 237–64.

6. 請見Michael Power, *The Audit Society: Rituals of Verification* (Oxford: Oxford University Press, 1997).

7. Warren E. Buffett and Lawrence A. Cunningham, *The Essays of Warren Buffett: Lessons for Corporate America*, 4th ed. (New York: The Cunningham Group; distributed by Carolina Academic Press, 2015), 298 (from the 2014 letter).

8. Gary S. Becker, "Crime and Punishment: An Economic Approach," *Journal of Political Economy* 76, no. 2 (1968): 169–217.

9. David A. Skeel, Jr., "Shaming in Corporate Law," *University of Pennsylvania Law Review* 149, no. 6 (2001): 1811–68; Margaret M. Blair and Lynn A. Stout, "Trust, Trustworthiness and the Behavioral Foundations of Corporate Law," *University of Pennsylvania Law Review* 149, no. 6 (2001): 1735–810.

## 第7章：股東行動主義與私募基金

1. 請見Warren E. Buffett, Before the Subcommittee on Telecommunications and Finance of the Energy and Commerce Committee of the U.S. House of Representatives (1991), reprinted in *Wall Street Journal*, May 1, 2010.巴菲特的告誡來自下面這段話：

> 合乎法規精神的重要性與說要合乎法規一樣重要。我想要說正確的話，而且我想要做好全面性的內控。但是我也已經要求每個所羅門的員工擔任自己的法遵主管。在他們率先遵守所有規則之後，接著我希望員工問問自己，是否願意隔天在當地的報紙上出現一篇由熟知情況的重要記者所撰寫的報導，內容提到任何他們預期會做的行為，並讓他們的配偶、小孩和朋友閱讀。如果他們遵照這個測試，就不必擔心我給他們的其他訊息：賠掉公司的錢我可以理解，但賠掉公司的聲譽我就會冷酷無情。

2. Eileen Appelbaum and Rosemary Batt, *Private Equity at Work* (New York: Russell Sage, 2014), 2.

3. Matthew D. Kain, Stephen B. McKeon, and Steven Davidoff Solomon, "Intermediation in Private Equity: The Role of Placement Agents," July 14, 2017, https://ssrn.com/abstract=2586273.

4. Ryan Kantor and Ryan Sullivan, "A Lawyer's Guide: Valuation Issues in Private Equity Funds," December 6, 2012, https://ssrn.com/abstract=2408295.

5. Guy Fraser-Sampson, *Private Equity as an Asset Class* (Hoboken,

NJ: Wiley, 2007) 9.

6. Appelbaum and Batt, *Private Equity*, 71–72.

7. Id. 68–71, 286–87.

8. Id. 282.

9. 請見Victor Fleischer, "Two and Twenty: Taxing Partnership Profits in Private Equity Funds," NYU Law Review 83, no. 1-59 (2008).

10. 請見Gretchen Morgenson, "Private Equity's Free Pass," *New York Times*, July 26, 2014; John C. Coffee Jr., "Political Economy of Dodd-Frank: Why Financial Reform Tends to be Frustrated and Systemic Risk Perpetuated," *Cornell Law Review* 97, no. 5 (2012): 1019–82.

11. 波克夏的模式並不全然是股東模式，它將其他公司組成人員的地位拉高，或是讓很多成員或所有成員都享有同等的權益。

12. George P. Baker and George David Smith, *The New Financial Capitalists: Kohlberg Kravis Roberts and the Creation of Corporate Value* (New York: Cambridge University Press, 1998).

13. Barker and Smith, *The New Financial Capitalists*, 100.

**第8章：類似企業的經驗**

1. Kris Frieswick, *ITW: Forging the Tools for Excellence* (Bainbridge Island, WA: Fenwick, 2012), 67–70.

2. Id. 63–64.

3. 這段對馬蒙集團的討論改寫自Lawrence A. Cunningham, *Berkshire Beyond Buffett* (New York: Columbia University Press, 2014) 以及兩次的採訪獲得的資訊，還有2015年對《少了巴菲特，波克夏行不行？》的一場宣傳活動，康寧漢在西

北大學與馬蒙集團的法蘭克‧普塔克的對談（2015年2月11日在芝加哥）。

4. 請見Tim Mullaney, "Opinion: The True Mastermind of Google's Alphabet? Warren Buffett," *Marketwatch*, August 17, 2015, https://www.marketwatch.com/story/the-true-mastermind-of-googles-alphabet-warren-buffett-2015-08-17（廣泛引用康寧漢對模型各方面的比較。）.

## 第9章：決策問題

1. 請見Peter Lattman, "A Record Buyout Turns Sour for Investors," *New York Times*, February 28, 2012.
2. 請見Deena Shanker and Craig Giammona, "Kraft Heinz Slumps on SEC Subpoena, $15.4 Billion in Writedowns," *Crain's Chicago Business*, February 21, 2019.
3. 請見*Revlon v. MacAndrews & Forbes*, 506 A.2d 173 (Del. 1986).
4. 請見*Paramount Communications, Inc. v. Time, Inc.*, 571 A.2d 1140 (Del. 1989).
5. 請見*Denver Area Meat Cutters v. Clayton*, 209 S.W.2d 584 (Tenn. Ct. App. 2006); *Denver Area Meat Cutters v. Clayton*, 120 S.W.3d 841 (Tenn. Ct. App. 2003).

## 第10章：輿論質疑

1. Mark Greenblatt, "Berkshire Insurance Payments Criticized," *Scripps*, October 6, 2013.
2. Berkshire Hathaway, News Release October 31, 2013.
3. 波克夏強調，它在這個案件上付出的索賠費用每年超過24億美元，而且累積付出的索賠金額已經超過200億美元。它提到對要保人、保險公司和再保險公司履行不同的責任，再保險公司則要對理賠、監理機構和股東做好管理。股東「預期我們會以高於任何產業的最低標準良好經營。」波克夏也提到要贏得這些支持者的尊敬，並贏得同儕和同業團體的讚賞。承認殘留責任（runoff）與遺留下來的問題牽涉到複雜有爭議的索賠，它說這篇文章不能簡化成某些簡短的口號，儘管這篇文章試圖做到這點。波克夏強調，對尚未判決的案件來說，這在輿論中不受歡迎，但是對反駁可能會影響這些案例的報導來說，感覺有些局限。

4. John Sylvester, "Policyholder Litigation Involving Claims Handling by Resolute Management Inc." (presentation to the American Bar Foundation, January 2014).

5. 舉例來說，Dean Starkman, "AIG's Other Reputation; Some Customers Say the Insurance Giant Is Too Reluctant to Pay Up," *Washington Post*, August 21, 2005.

6. Daniel Wagner and Mike Baker, "Warren Buffett's Mobile Home Empire Preys on the Poor," April 3, 2015, http://www.publicintegrity.org/2015/04/03/17024/warren-buffetts-mobile-home-empire-preys-poor.

7. 這篇報導指出的主要發現有：使用多個公司名稱來讓買家相信他們正在購物；以超過15％的利率放款，並加上高額手續費；顧客抱怨因為變更條件、施壓和收手續費而被欺騙和剝削；而且兩家前經銷商表示，儘管存在這些問題，總部還是向他們施壓，要引導客戶向克萊頓房屋借款。

8. "Clayton Homes Statement on Mobile-Home Buyer Investigation," *Omaha World Herald*, April 3, 2015.

9. Daniel Wagner and Mike Baker, "A Look at Berkshire Hathaway's Response to 'Mobile Home Trap' Investigation," April 6, 2015, http://www.publicintegrity.org/2015/04/06/17081/look-

berkshire-hathawaysresponse-mobile-home-trap-investigation.

10. Mike Baker, "Buffett Sticks Up for Mobile-Home Business at Shareholder Meeting," *Seattle Times*, May 2, 2015. 就像在《少了巴菲特，波克夏行不行？》，以及2015年5月2日貝可的報導刊出幾個月前，勞倫斯・康寧漢在《紐約時報》專欄中解釋，這些主張與克萊頓房屋的立場有矛盾。克萊頓房屋引述勞倫斯・康寧漢的專欄文章來回應，華格納和貝可則反駁那是「巴菲特長期的支持者」寫的文章。

11. 可以比較Clayton Homes, "Manufactured Home Living News," press release, May 18, 2015, http://www.reuters.com/article/2015/05/18/idUSnGNX5smRmG+1c5+GNW20150518（談到反對管制者認為民眾便利取得活動組合屋的重要性），以及Zach Carter, "House Republicans Hand Warren Buffett Big Win on Expensive Loans to the Poor," *Huffington Post*, April 14, 2015, http://www.huffingtonpost.com/2015/04/14/manufactured-housing-republicans_n_7065810.html（正如標題提到，支持管制可以保護沒有錢的人免受高成本的貸款所害）。

12. Mike Baker, "Buffett's Mobile Home Business Plan Has Most to Gain from Deregulation Plan," *Seattle Times*, May 17, 2015, http://www.seattletimes.com/business/real-estate/buffetts-mobile-home-business-has-most-to-gain-from-deregulation-plan/; Baker, "Buffett Sticks Up for Mobile-Home Business."

13. Ariz. Admin. Code, R14-2-1802 et seq; see ASU Energy Policy Innovation Council, Net Metering Rules Brief Sheet (Dec. 2013), https://energypolicy.asu.edu/wp-content/uploads/2014/01/Policies-to-Know-Arizona-Net-Metering-Rules-Brief-Sheet_Updated.pdf.

14. Reem Nasr, "Ground Zero in the Solar Wars: Nevada," *CNBC*, May 26, 2015, https://www.cnbc.com/2015/05/26/ground-zero-in-the-solar-wars-nevada.html.

15. Mark Chediak, Noah Buhayar, and Margaret Newkirk, "Warren Buffett Is Sending Mixed Messages on Green Energy," *Bloomberg Business*, May 18, 2015.

## 第11章：規模的挑戰

1. Robert Miles, *The Warren Buffett CEO: Secrets from the Berkshire Hathaway Managers* (New York: Wiley, 2003).

2. 請見 Sanjai Bhagat, Andrei Shleifer, and Robert W. Vishny, "Hostile Takeovers in the 1980s: The Return to Corporate Specialization," *Brookings Papers on Economic Activity: Microeconomics*, ed. M. N. Baily and C. Winston (Washington, DC: Brookings Institution, 1990), 1–84.

3. Robert Sobel, *ITT: The Management of Opportunity* (Washington, DC: Beard Books, 2000); George A. Roberts, with Robert J. McVicker, *Distant Force: A Memoir of the Teledyne Corporation and the Man Who Created It* (Thousand Oaks, CA: Teledyne Corporation, 2007); and Gerald F. Davis, Kristina Diekman, and Catherine H. Tinsley, "The Decline and Fall of the Conglomerate Firm in the 1980s: The Deinstitutionalization of an Organizational Form," *American Sociological Review* 59, no. 4 (1994): 547–70.

4. George P. Baker and George David Smith, *The New Financial Capitalists: Kohlberg Kravis Roberts and the Creation of Corporate Value* (New York: Cambridge University Press, 1998), 168.

5. Davis et al., "The Decline and Fall of the Conglomerate Firm,"

554.

6. 請見Lawrence A. Cunningham, "Conversations from the Warren Buffett Symposium (Transcript)," *Cardozo Law Review* 19, no. 2 (1997), 719, 736–37, 813; reprinted in Lawrence A. Cunningham, *The Buffett Essays Symposium: A 20th Anniversary Annotated Transcript* (Petersfield, UK: Harriman House, 2016), 13, 73.

## 第12章：接班難題

1. 請見"Berkshire Hathaway: Playing Out the Last Hand," *Economist*, April 26, 2014; "Berkshire Hathaway: The Post-Buffett World," *Economist*, January 10, 2015.

2. Steven Davidoff Solomon, "With His Magic Touch, Buffett May Be Irreplaceable for Berkshire," *New York Times*, May 21, 2013.

3. 請見Gerald F. Davis, "The Twilight of the Berle and Means Corporation," *Seattle University Law Review* 34 (2011): 1121–38; 也請見Jeffrey N. Gordon, "Corporations, Markets, and Courts," *Columbia Law Review* 91, no. 8 (1991): 1931–88.

4. 請見Deborah A. DeMott, "Agency Principles and Large Block Shareholders," *Cardozo Law Review* 19, no. 2 (1997): 321–40.

## 結語：冷酷無情的壞處

1. Berkshire Hathaway, *Annual Report: Chairman's Letter*, 2009.

2. Warren Buffett, "Opening Comments" (Berkshire Hathaway Annual Meeting, Omaha, NE, April 30, 2011).

3. Buffett, "Opening Comments."

4. Buffett, "Opening Comments"（回答股東的問題）.

5. 請見Steve Schaefer, "Buffett Breaks Out Elephant Gun for $9B

信任邊際

Lubrizol Buy," *Forbes*, March 14, 2011; and Katya Wachtell, "Meet John Freund: Warren Buffett's Broker of 30 Years and the Citi Banker Who Alerted Him to Sokol's Deception," *Business Insider*, May 2, 2011.

6. 也請見"David Sokol Defends His Controversial Lubrizol Stock Purchases" (transcript), CNBC, April 1, 2011, http://www.cnbc. com/id/42365586.

7. Ruling of the Court on Defendants' Motion to Dismiss, *In re Berkshire Hathaway Inc. Deriv. Litig.*, No. 6392-VCL, 2012 WL 978867 (Del. Ch. Mar. 19, 2012).

8. Buffett, "Opening Comments" (responding to shareholder questions); Charlie Munger (Berkshire Hathaway Annual Meeting, Omaha, NE, April 30, 2011) (responding to shareholder questions).

9. Ben Berkowitz, "Sokol Affair Tarnishes Buffett Style," *Globe & Mail*, March 31, 2011, 引用德拉瓦大學（University of Delaware）查爾斯・艾爾森（Charles Elson）的話：「實際上可能會發生這種情況確實引發疑慮，質疑公司避免類似情況所進行的內控有多大的成效。」; Jenny Strasburg, "Buffett Is Seen as Too Trusting," *MarketWatch*, March 31, 2011.

10. Berkowitz, "Sokol Affair,"引述哥倫比亞大學約翰・考菲（John Coffee）的說法：「在公司治理上，大型公司會盡量避免這種行為。」沒有理由相信更複雜的內控系統會使索克爾的行為有所不同。假設波克夏有很大的法遵部門，擁有詳細的命令和控制規範，包括透過法遵委員會清算個人投資的特別流程。如果波克夏長期以來的政策是譴責索克爾的違反行為，並沒有阻止索克爾的交易，那麼增加官僚機構的層級是很明顯的做法。反過來看，命令和控制的方

284

法會取代自治與信任文化的價值，並激起更多走在規定邊
緣上的行為。

11. 蒙格（回應股東提問）。

12. 請見Warren E. Buffett, "Before the Subcommittee on Telecommunications and Finance of the Energy and Commerce Committee of the U.S. House of Representatives" (1991), reprinted in *Wall Street Journal*, May 1, 2010. 巴菲特的告誡來自下面這段話：

> 合乎法規精神的重要性與說要合乎法規一樣重要。我想要說正確的話，而且我想要做好全面性的內控。但是我也已經要求每個所羅門的員工擔任自己的法遵主管。在他們率先遵守所有規則之後，接著我希望員工問問自己，是否願意隔天在當地的報紙上出現一篇由熟知情況的重要記者所撰寫的報導，內容提到任何他們預期會做的行為，並讓他們的配偶、小孩和朋友閱讀。如果他們遵照這個測試，就不必擔心我給他們的其他訊息：賠掉公司的錢我可以理解，但賠掉公司的聲譽我就會冷酷無情。

13. 索克爾事件促使一些波克夏的股東在波克夏註冊的德拉瓦州控告公司董事會。他們認為董事會沒有維護一個適當的內控系統。這樣的抱怨呼應輿論對以信任為基礎的波克夏文化的批評，並指責董事會公開放棄命令與控制的架構、荒廢監督的角色。不過法院駁回「嚴重削弱」監督角色的論斷。Ruling of the Court on Defendants' Motion to Dismiss, *In re Berkshire Hathaway Inc. Deriv. Litig.*, No. 6392-VCL, 2012 WL 978867 (Del. Ch. Mar. 19, 2012).

信任邊際

　　這些股東還試圖起訴索克爾，希望為波克夏要回300萬美元的獲利，但董事會拒絕這樣做。除非股東能夠證明董事會沒有公正行事，不然董事會有權力決定公司是否要對某個人提出告訴。股東不能證明在提告索克爾的事件上波克夏的董事會有所妥協。德拉瓦州法院承認巴菲特的新聞稿有些偏見，暗示巴菲特對索克爾的寬容可能會左右董事會的決策。但這只是股「煙霧」，法院說，這不足以影響董事會的判斷。

14. 索克爾事件反映波克夏對於輿論的敏感，這鞏固巴菲特的告誡，要根據報紙的頭條新聞來測試員工的行為。

　　假設索克爾第一次打電話給巴菲特時說：「華倫，我認為路博潤是間有吸引力的公司，因為很有吸引力，所以我剛買了1000萬美元，而且我想你應該讓波克夏評估一下這間公司。」這樣的訊息揭露就會讓這個故事消失。此外，索克爾可能還可以採取額外的行動來消除任何懷疑的舉止，並說：「如果波克夏願意用成本價買進我的股票，我很樂意出售。」巴菲特可能的回答是：「不，不要緊。如果我們最後買下這家公司，你就有資格賣股票給我們。」

15. Attorney for David Sokol, "Statement of Dickstein Shapiro Partner Barry Wm. Levine," press release, April 27, 2011.

國家圖書館出版品預行編目(CIP)資料

信任邊際：巴菲特經營波克夏的獲利模式 / 勞倫斯‧
康寧漢(Lawrence A. Cunningham), 史蒂芬妮‧庫巴
(Stephanie Cuba)著 ; 廖志豪譯. -- 第一版. -- 臺北市 : 遠
見天下文化, 2020.04
288面 ; 14.8×21公分. -- (財經企管 ; BCB693)
譯自 : Margin of trust : the Berkshire business model
ISBN 978-986-479-984-8(平裝)

1.巴菲特(Buffett, Warren) 2.組織文化 3.組織管理

494.2                                            109004967

287

財經企管 BCB693

# 信任邊際：巴菲特經營波克夏的獲利模式
Margin of Trust: The Berkshire Business Model


作者 —— 勞倫斯・康寧漢 Lawrence A. Cunningham、史蒂芬妮・庫巴 Stephanie Cuba
譯者 —— 廖志豪

總編輯 —— 吳佩穎
書系主編暨責任編輯 —— 蘇鵬元
封面設計 —— 張議文

出版者 —— 遠見天下文化出版股份有限公司
創辦人 —— 高希均、王力行
遠見・天下文化 事業群榮譽董事長 —— 高希均
遠見・天下文化 事業群董事長 —— 王力行
天下文化社長 —— 王力行
天下文化總經理 —— 鄧瑋羚
國際事務開發部兼版權中心總監 —— 潘欣
法律顧問 —— 理律法律事務所陳長文律師
著作權顧問 —— 魏啟翔律師
社址 —— 台北市 104 松江路 93 巷 1 號 2 樓
讀者服務專線 —— (02) 2662-0012 | 傳真 —— (02) 2662-0007；2662-0009
電子信箱 —— cwpc@cwgv.com.tw
郵政劃撥 —— 1326703-6 號　遠見天下文化出版股份有限公司

電腦排版 —— 立全電腦印前排版有限公司
製版廠 —— 東豪印刷事業有限公司
印刷廠 —— 柏晧彩色印刷有限公司
裝訂廠 —— 聿成裝訂股份有限公司
出版登記 —— 局版台業字第 2517 號
總經銷 —— 大和書報圖書股份有限公司 | 電話／(02)8990-2588
初版日期 —— 2020 年 04 月 30 日第一版第 1 次印行
　　　　　 2024 年 03 月 14 日第一版第 6 次印行

定價 —— 400 元
ISBN —— 978-986-479-984-8
書號 —— BCB693
天下文化官網 —— bookzone.cwgv.com.tw

本書如有缺頁、破損、裝訂錯誤，請寄回本公司調換。
本書僅代表作者言論，不代表本社立場。